KB121982

미래 세대를 위한

우주 시대
이야기

미래 세대를 위한 우주 시대 이야기

제1판 제1쇄 발행일 2024년 4월 5일

글 _ 손석춘
기획 _ 책도둑(박정훈, 박정식, 김민호)
디자인 _ 이안디자인
펴낸이 _ 김은지
펴낸곳 _ 철수와영희
등록번호 _ 제319-2005-42호
주소 _ 서울시 마포구 월드컵로 65, 302호(망원동, 양경회관)
전화 _ 02) 332-0815
팩스 _ 02) 6003-1958
전자우편 _ chulsu815@hanmail.net

ISBN 979-11-7153-008-3 43500

철수와영희 출판사는 '어린이' 철수와 영희, '어른' 철수와 영희에게 도움 되는 책을 펴내기 위해 노력합니다.

미래 세대를 위한

우주 시대 이야기

글 | 손석춘

철수와영희

상상력을 마음껏 펼치기 바랍니다

"나의 꿈은 우주선을 직접 만들어 그 우주선을 타는 것입니다. 그리고 수십억이 넘는 은하계로 가서 탐험을 하고 싶습니다. 저는 꼭 어른이 돼서 우주선을 타고 나의 꿈과 희망을 싣고 우주로 날아가겠습니다."

우리 과학자들이 대통령과 정치인, 기업인들과 한자리에 모여 '미래 우주경제 로드맵 선포식'(2022년 11월 28일)을 가졌을 때 무대에 오른 초등학생이 밝힌 꿈입니다. 그 야무진 학생만의 꿈은 아니겠지요. 많은 10대들이, 그리고 적잖은 어른들이 우주선에 오를 날을 기다리고 있습니다. 실제로 2020년대 들어 민간인 우주여행 시대가 열리고 있으니까요. 선포식은 "앞으로 우주에 대한 비전이 있는 나라가 세계 경제를 주도하며 인류가 당면한 문제를 풀어갈 수 있을 것"이라고 공언했습니다.

우주를 바라보는 미래 세대의 꿈은 희망을 현실로 만드는 강력한 힘입니다. 대한민국은 선포식 이듬해인 2023년 5월 25일 자체 기술로 개발한 우주 발사체 누리호(KSLV-II)를 성공적으로 쏘았습니다. 2022년 달 탐사선 다누리호의 궤도 안착에 이은 눈부신 성과이지요. 모든 신문과 방송이 '우주 시대의 개막'이라고 보도했습니다. 미국 · 러시아 · 유럽연합(EU) · 중국 · 인도 · 일본에 이어 '7대 우주 강국'으로 등장했다고 평했지요. 누리호는 '우주를 누린다'는 뜻, 다누리호는 '달을 누린다'는 의미로 붙여진 이름입니다.

그런데 한국이 우주 발사체를 성공적으로 쏘았다는 이유로 우주 시대가 열렸다고 주장한다면, 설득력이 없겠지요. 7대 우주 강국의 맨 앞에 있는 미국과 러시아는 이미 1950년대 후반에 인공위성을 발사했거든요.

하지만 미국과 러시아에서도 1950년대를 '우주 시대의 개막'으로 부르진 않습니다. '우주 시대'라는 말이 지구촌 곳곳에 퍼져간 것은 2020년대에 들어서서입니다. 1950년대 인공위성 발사에 이어 1960년대의 우주선과 달 착륙은 우주 시대의 개막이 아니라 준비기라 할 수 있겠지요.

그렇다면 2020년대에 우주 시대가 열렸다는 근거는 무엇일까요. 발사체 성공을 넘어 민간인의 우주여행을 비롯한 우주 산업의 발전, SF 영화를 비롯한 우주 문화의 확산, 우주 군사화 현상들이 맞물려 나타나고 있어서입니다. 그 밑바탕에는 코페르니쿠스의 혁명에 버금가는, 아니 그 이상인 '우주 과학의 혁명'이 놓여 있고요.

우주 발사체 성공으로 7대 우주 강국에 들어선 한국이 앞으로 우주 시대를 이끌어 가거나 최소한 뒤처지지 않으려면 우주 산업, 우주 군사화만이 아니라 우주 문화, 우주 과학, 우주 철학까지 두루 폭넓은 인식이 중요합니다. 우주에 대한 다각적인 이해 없이 우주선을 만들어 우주를 선구적으로 개척하는 꿈을 이루기는 쉽지 않거든요. 지금까지 인류가 우주의 새 지평을 열어 온 과정 또한 과학적 탐구와 상상력이 밑절미였습니다.

2024년 우주항공청을 세운 대한민국은 2032년 달 착륙에 이어 2045년 광복 100주년에 '우주 경제 강국'을 목표로 내걸었는데요. 이 책은 2020년대에 싹튼 우주 시대가 앞으로 꽃을 피울 때 그 주체가 될 미래 세대를 염두에 두고 마련했습니다. 모쪼록 미래 세대가 우주 산업, 우주 문화, 우주 과학, 우주 철학의 다채로운 영역에서 개개인이 지닌 상상력을 더 마음껏 펼치기 바랍니다. 우주를 아는 만큼 자신의 삶을 더 창조적으로 살 수 있습니다.

손석춘 드림

2

'뉴 스페이스'와 우주 경제

3

SF 영화의 우주 상상력

4

우주군의 등장과 패권 경쟁

5

현대 우주 과학의 혁명

6

우주 철학과 인류 문명

'우주 시대'의 태동

인류사의 시원부터 신비의 근원

누구나 어린 시절에 눈부시게 빛나는 해, 밤하늘에 총총 반짝이는 별, 휘영청 밝은 달을 보며 호기심이나 경외감을 느꼈을 터입니다. 인류도 마찬가지입니다. 해와 달과 별들은 개개인과 인류에게 처음부터 신비의 근원이었습니다.

인류 문명이 5000년 전에 시작되었다고 하죠. 그때 이미 인류가 우주에 관심을 기울인 사실이 기록으로 남아 있습니다. 기원전 3000년경에 지금의 이라크 근처에서 살았던 수메르 사람과 바빌로니아 사람들은 천체를 관찰하고 그 내용을 기록했지요. 작은 점토판에 쐐기 모양의 설형 문자로 새겼습니다. 메소포타미아만이 아닙니다. 메소포타미아 문명을 포함해 세계 4대 문명으로 꼽히는 인더스 문명, 동아시아 문명, 이집트 문명 모두에서 우주를 관측한 자료들이 남아 있습니다.

그러니까 천문학은 철학과 함께 역사상 가장 오래된 학문입니다. 고대엔 철학자가 곧 천문학자였지요. 대표적으로 고대 그리스 철학자 탈레스는 밤하늘의 별들을 늘 주의 깊게 관찰했습니다. 별들을 살펴보며 걷다가 바로 앞 우물을 보지 못해 그만 우물에 풍덩 빠지기도 했지요.

탈레스의 일화에서 보듯 철학은 우주의 근원에 대한 탐구로 시작됐습니다. 철학자들은 세계와 만물을 구성하고 있는 근원적인 물질이나 원리가 있다고 생각했는데, 이를 '아르케(Arche)'라고 불렀지요. 탈레스는 우주 만물의 근원, 아르케를 물이라고 보았는데요. 현대 우주 과학으로 짚어도 뜻깊습니다. 과학자들은 여느 천체와 달리 지구가 '물의 행성'임을 강조하거든요.

탈레스의 제자인 아낙시만드로스는 지구를 중심에 두고 세 개의 고리가 서로 엇갈리며 돌고 있는 우주 모형을 제시했습니다. 두터운 원반 모양이었지요. 다시 150년이 지나서 아낙사고라스는 달, 별들이 지구와 비슷한 단단한 물체라고 주장했습니다.

서양 철학사에 큰 영향을 끼친 아리스토텔레스는 지구를 중심으로 태양, 달, 행성, 별이 각각 고유의 주기로 돌고 있다고 생각했습니다. 이를 시작으로 프톨레마이오스와 많은 학자들이 천동설을 펼쳐 나갔지요. 우주의 중심은 지구이고, 모든 천체가 지구의 둘레를 돈다고 확신했습니다. 16세기까지 동서양을 막론

질 베른이 1865년 출간한 과학소설
『지구에서 달까지』의 영문판 표지.

최초의 SF 영화 〈달나라 여행〉(1902)의 한 장면.

하고 지구에서 살았던 절대다수가 믿은 '진리'였지요.

코페르니쿠스의 혁명으로 인류는 마침내 천동설을 벗어났습니다. 아이작 뉴턴과 알베르트 아인슈타인으로 이어지는 우주 과학이 빠르게 발달하면서 인류는 서서히 '우주 시대' 도래를 준비했습니다.

이윽고 인간이 지구 밖으로 나가는 상상력이 발동했는데요. 천문학의 발달을 배경으로 그 문학적 상상력이 활자화됩니다. 19세기 프랑스 작가 쥘 베른은 『80일간의 세계 일주』(1872)로 널리 알려졌지요. 과학 기술이 한창 발달하던 19세기를 배경으로 80일이면 세계를 일주할 수 있다는 가능성을 장편소설에 담았는데요. 지금으로선 이해하기 어렵지만 비행기도 없던 그 시대엔 많은 이들의 꿈과 낭만을 자극했지요. 그런데 그의 주목할 만한 작품에는 과학소설(SF) 『지구에서 달까지』(1865)도 있습니다. 대형 포탄에 사람을 태우고 달로 쏘아 올려 우주여행을 한다는 상상력을 그렸지요. 그 소설에 기반을 두고 1902년 제작된 프랑스 영화 〈달나라 여행〉은 미사일 모습의 우주선을 선보였습니다. 최초의 SF 영화로 불리지요.

문학적 상상력만은 아닙니다. 과학적 상상력이 더해졌는데요. 러시아의 콘스탄틴 치올콥스키는 다단계 로켓과 우주여행에 관한 개념과 이론을 제시했습니다. 그가 1897년에 제시한 로켓 방정식은 지금도 사용되고 있지요.

미국 과학자 로버트 고더드는 소년 시절에 허버트 조지 웰스의 과학소설 『우주 전쟁』(1898)을 읽고 언젠가 직접 우주선을 만들겠다는 꿈을 품었는데요. 머리말에 소개한 한국 초등학생과 같은 꿈을 꾸었던 거죠.

고더드는 세계 최초로 액체 추진 로켓 발사에 성공했습니다. 그는 1919년 연말에 발표한 80쪽짜리 글에서 '극단적 고도에 도달하기 위한 방법(A Method of Reaching Extreme Altitudes)'으로 적절한 추진체가 있다면 인간을 달에 보낼 수 있다고 주장했습니다.

그러자 미국을 대표하는 언론 〈뉴욕타임스〉가 도저히 참을 수 없겠다는 듯이 사설(1920년 1월 13일)을 내보냈습니다. 고더드를 콕 집어 '고등학생 수준의 지식도 없는 것 같다'라며 조롱했습니다. 당시 거의 모든 사람들이 고더드를 전문성이 없는 망상가라고 비웃은 데는 신문의 역할이 컸습니다.

그런데 제2차 세계대전이 막바지에 이르렀을 때 독일군은 영국의 런던까지 포탄을 쏘아 보내 연합군을 놀라게 했습니다. 그때까지 세계 전쟁사에 없었던 놀라운 무기, 미사일이 전격 등장한 거죠. 전쟁이 끝날 때까지 총 1100여 발의 미사일 포격으로 9000여 명의 민간인과 군인이 사망했습니다. 나치 독일의 지원을 받아 베르너 폰 브라운이 이끄는 독일의 로켓 과학자들이 개발했는데요. 브라운도 어린 시절에 우주여행을 꿈꾸었습니다.

이윽고 독일 과학자들은 1톤의 탄두를 싣고 최대 300킬로미터 거리까지 날아가는 V-2 로켓을 만들어 냈습니다. 최고 174.6킬로미터 높이까지 올라갔지요. 우주가 시작되는 높이를 통상 100킬로미터로 보거든요. 사람이 만든 물체를 우주에 이르게 한 최초의 성과였습니다.

하지만 독일은 결국 미국과 소련(러시아 혁명으로 들어선 '소비에트 사회주의공화국연합'의 줄임말, 1991년 해체) 중심의 연합군에 패배합니다. 두 나라는 독일을 분할해서 점령했지요. 미국과 소련은 독일의 V-2 로켓 개발 인력과 시설을 그냥 지나치지 않았습니다. 두 나라가 우주 경쟁에 나선 기술적 토대가 되었지요. V-2 로켓의 개발을 주도한 브라운은 제2차 세계대전 이후 미국에서 로켓 개발을 이어갔습니다. 미국 항공 우주국(NASA) 마셜 우주 비행 센터의 책임자까지 맡아 미국의 우주 개발을 이끌었지요.

미국은 1947년 2월 20일 V-2 로켓에 초파리를 실어 109킬로미터 고도까지 올렸습니다. 우주에 도달한 최초의 동물이 된 셈이지요. 1949년 6월 14일에는 원숭이에 '앨버트'라 이름을 붙이고 V-2 로켓에 태워 134킬로미터 상공의 우주로 올려 보냈습니다. 최초로 우주에 도달한 포유류 동물이었지만, 살아 돌아오지는 못했습니다.

소련은 1951년 7월 22일 V-2 로켓에 기반을 둔 R-1 로켓을 쏘았습니다. 탑승한 두 마리의 원숭이는 100.8킬로미터 높이까지 올라가 우주에 도달하고 지상에 무사히 귀환했습니다. 우주에 간 뒤 살아서 돌아온 최초의 포유류인 거죠. R-1 로켓의 최대 속도는 초속 4.212킬로미터였어요. 로켓 추진을 멈춘 뒤 4분에 걸쳐 탄도 비행을 하는 동안 원숭이들은 무중력을 체험했습니다.

1957년 소련은 최초의 인공위성 스푸트니크 1호(Sputnik 1)를 발사했습니다. 그 사건을 전환점으로 우주 시대가 시작되었다는 주장도 나왔지만, 그렇게 보기엔 너무나 특수한 사건이었습니다. 스푸트니크 1호는 석 달에 걸쳐 지구를 회전하다가 대기권으로 들어와 수명을 다했어요.

미국은 스푸트니크 1호의 성공에 자극받아 그로부터 아홉 달 뒤 공식적으로 미국 항공 우주국을 설립합니다. 바로 나사(NASA, National Aeronautics and Space Administration)이지요. 1958년에 첫 번째 위성 익스플로러 1호(Explorer 1)를 발사했어요. 인간이 쏘아 올린 인공위성은 지구와 태양을 비롯해 천체 연구의 지평을 획기적으로 넓혔습니다.

미국은 소련과의 우주 개발 경쟁에 질세라 로켓에 동물을 싣고 무사 귀환하는 실험을 이어 갔지만 계속 실패했습니다. 그러다가 1959년 5월에 우주에 쏘아 보낸 두 마리의 원숭이가 돌아오는 데 성공했습니다.

오래된 이야기를, 그것도 기껏해야 지상에서 100~134킬로미터 상공의 우주로 올려 보낸 사건들을 '우주에 간 최초의 동물'이네, '최초의 귀환 포유류'네 하며 시시콜콜 늘어놓은 까닭이 있습니다. 2020년대 들어 나타난 민간인 우주여행 상품이 바로 원숭이들이 올라간 높이까지 가서 무중력을 체험하는 프로그램이거든요.

마침내 지구 밖으로 나간 인류

인류가 지구 밖으로 나간 사건이 마침내 일어났습니다. 1961년 4월
12일 소련 우주선 '보스토크 1호(Vostok 1)'에 탑승한 유리 가가린
이 우주에서 108분 동안 지구를 한 바퀴 비행하고 돌아왔거든
요. 인류 최초로 우주에서 직접 지구를 바라본 순간을 가가린은
『지구는 푸른 빛이었다』(1961)에서 다음과 같이 기록했습니다.

> 아! 아름답다! 무의식중에 감탄사가 터졌다. 그러나 즉시 입을 다물
> 었다. (…) 지구는 선명한 색조로 아름다움이 넘쳐났으며, 옅은 푸른
> 빛이었다. 그 옅은 푸른빛은 서서히 어두워졌고 터키석 같은 하늘색
> 에서 파란색, 연보라색으로 바뀌었다가 다시 석탄 같은 칠흑이 되어
> 갔다. 이 변화는 정말로 아름다웠고 눈을 즐겁게 했다. (…) 나는 지
> 루함을 느끼지 않았고, 고독도 느끼지 못했다.

우주에서 지구를 바라본 소련 우주선의 성공을 계기로 인류
의 우주적 상상력은 더 넓어지기 시작했습니다. 무엇보다 인류

최초의 우주비행사인 가가린이 지구로 귀환한 직후 '우리가 서로 다투기에는 지구가 너무 작다는 것을 깨달았다'고 토로한 말이 보수와 진보를 떠나 지구촌 모든 사람들에게 깊은 울림을 주었습니다.

가가린을 비롯해 그 이후 우주로 나간 비행사들이 우주에서 지구를 보았을 때 일어난 가치관의 변화를 '조망 효과(overview effect)'라고 합니다. 높은 곳이나 시야가 트인 곳에서 전체를 바라볼 때 느끼는 가치관의 변화를 이르는 개념이지요. 산 정상에 올라도 그러한데 하물며 지구 밖에서 바라보면 어떻겠어요. 2020년대 민간인으로 우주여행에 나서는 사람들의 생각도 조

모스크바 시내에 40미터 높이로
우뚝 선 유리 가가린 동상.

망 효과의 기대가 있으리라 짐작됩니다.

가가린의 우주 비행에 자극받은 미국은 우주 탐사를 서둘렀습니다. 당시 미국과 소련은 정치, 경제, 군사 모든 영역에서 경쟁하고 있었거든요. 차가운 전쟁, 냉전(cold war)이라고 하지요. 미국은 바로 다음 달인 5월에 우주인 앨런 셰퍼드를 우주로 보냈습니다. 셰퍼드도 15분 22초로 짧지만 지구 궤도 여행을 마치고 지구로 돌아왔지요.

하지만 셰퍼드의 우주여행은 가가린의 빛에 가렸습니다. 그러자 당시 미국 대통령 케네디는 인간을 달로 보내겠다는 아폴로 계획을 발표하고 우주 개발에 말 그대로 천문학적 예산을 쏟아붓기 시작했습니다.

소련은 1966년 2월에 다시 큰 성과를 냈습니다. 무인 탐사선 루나 9호(Луна 9)를 달에 최초로 착륙시켰습니다. 역추진 로켓으로 연착륙함으로써 인간을 달에 보낼 때 가장 중요한 난관을 넘어섰지요. 같은 해 루나 10호가 최초로 달 궤도를 돌았습니다. 그런데 그해 소련 우주 개발의 총책임자인 세르게이 코롤료프가 숨지고 정치 지도자들도 우주 탐사 지원에 소홀해졌습니다.

미국은 소련과의 경쟁에 더 박차를 가했습니다. 이윽고 1969

아폴로 11호 달 착륙 사진.

년 7월 20일 유인 우주선 아폴로 11호(Apollo 11)가 달에 착륙하는 획기적 사건이 일어납니다. 인터넷이 없던 당시에도 전 세계 인구의 15퍼센트인 6억 명이 실시간으로 시청했습니다. 우주에 대한 호기심이 그만큼 컸던 거죠. 우주비행사 닐 암스트롱은 달 표면을 걸으며 "이것은 한 인간의 작은 발걸음이지만, 인류의 위대한 도약이다"라고 말했습니다.

홍미로운 사실이 있는데요. 아폴로 11호가 성공적으로 발사된 다음 날인 1969년 7월 17일, 〈뉴욕타임스〉가 사과문을 발표했습니다. 49년 전에 고더드를 조롱한 기사에 대해 정정과 함께 잘못을 시인한 거죠. 로켓은 진공 속에서도 분명히 작동할 수 있으며, 과거 실수에 대해 후회한다는 내용을 담았어요. 49년 전의 상식으로는 유력 언론조차 가능하지 않다고 단언한 일이 실제로 벌어졌고, 〈뉴욕타임스〉는 모르쇠를 놓지 않고 정정과 사과를 함으로써 언론의 품격을 보여 주었습니다.

일부 언론은 고더드가 고등학교 졸업식 당시 졸업생 대표로 "불가능이 무엇인지는 말하기 어렵다. 어제의 꿈은 오늘의 희망이며 내일의 현실이기 때문이다"라고 한 말을 부각했습니다. 고더드는 우주선의 상징적 인물이 되었습니다. 미국 메릴랜드주에 고더드 우주 비행 센터가 있을 뿐만 아니라 나사도 고더드를 기리고자 연구소에 그의 이름을 붙였거든요.

우주에서 2000년부터 살고 있는 사람들

인류 최초의 달 착륙 이후 우주 탐험은 활발해졌습니다. 소련은 1971년에 인간의 우주 비행을 위한 장기적인 기지를 마련하기 위해 우주 정거장을 발사했습니다. 첫 우주 정거장인 살류트 1호(Салют 1)에 이어 미국, 러시아, 유럽, 일본, 캐나다의 공동 프로젝트로 국제 우주 정거장(ISS, International Space Station)을 마련했는데요. 여러 나라가 우주 정거장에 힘을 모은 사실에서 우리는 우주 탐사가 인류 공동의 거대한 기획임을 새삼 알 수 있지요. 연구 시설까지 갖추고 2000년부터 계속해서 사람이 살고 있습니다. 우주에 거주하며 연구하는 사람들은 인간의 삶에 어떤 조망 효과를 얻었을까요.

1977년 나사가 우주로 쏘아 보낸 보이저 1호(Voyger 1)는 본디 임무가 명왕성 탐사였습니다. 그 일을 마친 1990년 2월 14일 보이저 1호는 카메라를 지구 쪽으로 돌렸습니다. 그 순간, 지구는 시커먼 공간에 작은 점으로 사진에 찍혀 전송되었지요. 지구에

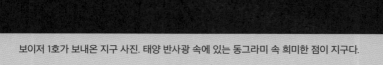

보이저 1호가 보내온 지구 사진. 태양 반사광 속에 있는 동그라미 속 희미한 점이 지구다.

서 원격 작동해 보이저 1호가 보내온 지구의 모습을 받아 본 우주과학자 칼 세이건은 '창백한 푸른 점(A Pale Blue Dot)'이라 표현했고 나중에 그 제목으로 책을 썼습니다.

먼 우주 공간에서도 지구가 푸르게 보이는 까닭은 햇빛의 산란 현상 때문입니다. 빛에 빨강, 주황, 노랑, 초록, 파랑, 남색, 보라색이 있지만 바다와 대기의 먼지가 파란색만 반사하거든요.

2020년대 들어 우주가 인류에게 성큼 다가왔습니다. '창백한 푸른 점'에서 떠난 나사의 로봇 탐사선이 2021년 2월에 드디어 화성에 착륙했습니다. 고대 미생물의 흔적을 찾으며 암석들을 수집했어요.

소련이 1991년 해체된 뒤 미국과 우주 경쟁에 나선 나라는 중국입니다. 중국도 2020년 7월 23일 화성 탐사선을 발사해 2021년 5월 15일 착륙에 성공했습니다. 중국의 탐사선 '톈원(天問) 1호'는 궤도선, 착륙선, 탐사 로봇 '주룽(祝融)'으로 구성됐는데요. 중국은 화성의 고해상도 지도를 통해 22개 지역을 분류하고 각각에 인구 10만 명 미만의 마을에서 따온 중국식 이름을 붙였습니다. 물론, 그렇다고 화성이 중국 땅이 되는 것은 아니니까 괜스레 걱정할 필요는 없습니다.

우주 정거장에 이은 국제 협력은 달 탐사로 이어지고 있습니다. 아폴로 계획 이후 50여 년 만에 달에 우주인을 보내 기지를 세우는 아르테미스 계획(Artemis Program)이 진행 중인데요. 아르테미스는 달의 여신이지요. 2024년까지 여성과 유색인을 포함한 우주비행사가 달에 착륙한 뒤 궤도에 계속 머물 수 있는 기지(루나 게이트웨이, Lunar Orbital Platform-Gateway)를 만드는 구상입니다. 달 궤도를 공전하는 루나 게이트웨이에 우주인이 거주하며 화성과 외행성 탐사의 전초 기지로 삼겠다는 야심찬 목표를 내걸었지요. 태양 전지판으로 전력을 생산할 계획이지요.

국제 우주 정거장에는 여러 나라의 우주비행사들이 머물고 있는데요. 달 탐사의 국제 협력을 위한 원칙에도 합의했습니다. 아르테미스 약정(Artemis Accords)에는 탐사에 참여하는 나라들이 지켜야 할 원칙을 담았습니다. 무엇보다 '평화적 목적의 탐사'임을 밝히고 '투명한 임무 운영'을 비롯해 확보한 과학 데이터를 공유키로 했습니다. 한국은 2021년 5월 26일 약정에 서명해 열 번째 참여국이 되었지요. 그래서 2022년 8월 5일 발사된 한국의 달 탐사용 궤도선 다누리호에도 아르테미스 약정에 따라 나사가 제작한 섀도캠(ShadowCam)을 붙였습니다. 섀도캠은 착륙

후보지 탐색을 위해 달의 어두운 지역을 촬영하기 위한 특수 카메라입니다.

아르테미스 계획의 또 다른 특징은 대기업의 참여입니다. 아르테미스 우주선 제작부터 발사까지 모든 과정에 동참했지요. 우주 시대의 태동이 우주 산업화로 이어지고 있는 거죠. 다음 장에서 우주 산업화의 움직임을 살펴보겠습니다.

달의 소유권은
최초로 착륙한 미국에 있을까?

아메리카 대륙에는 유럽 백인들이 들어오기 전에 자자손손 살아온 선주민이 있었습니다. 하지만 백인들에게 땅의 소유권을 모두 빼앗겼지요. 말을 타고 달려서 자신의 소유라고 말뚝을 박는 미국의 서부 개척 논리라면 달은 미국 소유가 된 걸까요.

그렇지는 않습니다. 소련의 스푸트니크 1호 발사 열 돌을 맞아 유엔은 우주에 대한 국제 조약을 만들어야 한다는 세계 각국의 요청을 받아들였습니다. 미국과 소련 사이에 경쟁이 치열해지자 자칫 큰 혼란 또는 분쟁이 일어날 수 있다고 판단한 거죠. 그래서 1966년 12월 19일 유엔 총회에서 조약안을 채택하고 이듬해인 1967년 1월 27일 미국과 소련을 비롯해 60개국의 서명을 받아 정식 조약으로 체결했습니다. 그해 10월 10일 발효되었고 우리나라도 서명했습니다. 우주 조약(Outer Space Treaty)의 정식 명칭은 '달과 그 밖의 천체를 포함하는 우주 공간의 탐사 및 이용에 국가 활동을 규제하는 원칙에 관한 조약'입니다.

우주 조약의 기본 원칙을 살펴볼까요. 우주 공간은 모든 국가에 개방되며(우주 활동 자유의 원칙), 어느 국가도 영유권을 주장할 수 없다(영유 금지 원칙)고 못 박았습니다. 조약은 또 우주 활동은 국제 협력과 상호 원조의 원칙에 따르고(국제 협력 원칙), 대응하는 타국의 우주 활동상의 이익에 타당한 고려를 하도록 한다(타국 이익 존중의 원칙)고 명문화했습니다. 우주비행사는 인류가 우주에 보낸 대표자들이므로 모든 국가는 이들이 어려움에 처했을 때 적극적으로 도와주어야 한다는 거죠.

어떤가요. 어떤 국가도 달이나 천체를 소유할 수 없다고 유엔의 이름으로 합의한 거죠. 조약이 발효하고 2년째에 미국 우주선이 달에 착륙했습니다. 유엔이 서두른 까닭은 소련이 먼저 착륙할 수 있었기 때문이라는 분석도 나오는데요. 어쨌든 유엔이 체결한 우주 조약의 중요성을 새삼 실감할 수 있습니다. 달은 물론 모든 천체는 인류가 공유해야 마땅합니다.

우주비행사들이 믿는 '자동차 뒷바퀴 미신'

우주선은 첨단 과학과 기술의 상징입니다. 그런데 우주선을 타러 가는 사람들이 '미신'에 따라 행동한다면 어떨까요. 그 생게망게한 사연은 유리 가가린으로 거슬러 올라갑니다. 가가린은 당시 소련 공군 중위의 신분으로 인공위성 보스토크 1호에 올랐는데요. 160센티미터의 키가 우주선에 적합했다고 하죠. 그런데 당국은 가가린이 살아서 돌아올 가능성이 매우 낮다고 예상했습니다. 가가린이 출발하자마자 미리 소령으로 두 계급이나 특진 조치했지요. 실제로 가가린이 탄 우주선에 로켓 엔진 하나가 작동이 잘 안 됐다고 하더군요. 지상관제 센터와 소통하는 가가린이 점점 좌절하는 모습이 영상으로 남아 있습니다. 다행히 가가린은 임무를 완수했고 우주에 머물다가 6100미터 상공에서 우주선을 버리고 낙하산으로 지상에 착륙했지요.

인류 최초로 가가린이 지구 밖에 나간 4월 12일을 '국제 인간 우주 비행의 날(International Day of Human Space Flight)'로 기념하고 있습니다. 가가린의 우주 비행 50년이 되는 2011년 유엔 총회에서 선포했지요. 가가린의 유산과 그의 놀라운 임무 성공에 대한 축하는 소련뿐만 아니라 전 세계에서 오늘날까지 이어지고 있지요. 아폴로 11호의 닐 암스트롱과 버즈 올드린도 달 표면에 발을 디뎠을 때 가가린을 기렸을 정도입니다.

지금도 가가린의 로켓이 발사된 카자흐스탄의 바이코누르 우주 센터로 미국과 러시아의 우주비행사들 모두가 비행 전에 반드시 한 번은 찾아갑니다. 우주 여행자가 발사장의 로켓까지 자동차로 이동할 때, 가가린이 생전에 한 행동을 따라 하는 것도 '전통 의식'이 되었답니다. 가가린이 그랬듯이 자동차에서 잠깐 내려 오른쪽 뒷바퀴에 오줌을 눈다더군요. 우주과학자 황정아가 말했듯이 "지구를 떠나 우주를 향한 여행을 하기 전에 가가린의 행운이 자신에게도 동일하게 오기를 기원하는 것"이지요. 우주 비행은 그만큼 목숨을 건 모험임을, 그럼에도 인간은 끝없이 도전해 왔음을 새삼 실감할 수 있습니다.

2

'뉴 스페이스'와 우주 경제

우주여행의 뉴 스페이스

2020년 5월 30일 미국 대기업이 쏘아 올린 우주선이 지구 밖으로 나가는 데 처음 성공했습니다. 대기업 '스페이스X'의 유인 우주선 '크루 드래건(Crew Dragon)'입니다. 케네디 우주 센터에서 국제 우주 정거장으로 쏘아 올린 크루 드래건은 아홉 번째 유인 우주선이지만 기업으로선 최초이지요. 우주 개발 관련자들이 2020년을 '뉴 스페이스(New space) 시대의 원년'이나 '우주 시대 개막'으로 평가하는 이유입니다.

스페이스X는 테슬라 창업자인 일론 머스크가 설립했는데요. 무인 우주선 '드래건'을 2010년부터 개발해 발사해 왔어요. 마침내 2020년에 19시간의 비행을 거쳐 국제 우주 정거장 도킹에 성공한 겁니다. 크루 드래건은 영화에서 보듯이 복잡한 버튼으로 가득한 기존 우주선과 달랐습니다. 조종석도 대형 터치스크린으로 구성했더군요. 우주복 디자인도 날렵했습니다. 나사 소속 우주비행사 두 명이 탑승해서 62일 동안 국제 우주 정거장

아폴로 우주선(위)과 크루 드래건 우주선(아래)의 내부 모습.

에 머물며 연구 활동을 하고 지구로 돌아왔지요.

이듬해인 2021년 7월 11일에는 '버진 갤럭틱'의 모 기업인 버진 그룹의 창업주 리처드 브랜슨이 상공 88.5킬로미터에서 '우주 관광'에 성공했습니다. 그달 21일에 '블루 오리진'의 제프 베이조스는 상공 106킬로미터까지 올랐고요. 나사는 상공 80.5킬로미터부터 우주로 규정하고, 국제 항공 연맹(FAI)은 100킬로미터부터 우주로 규정짓고 있어 누가 민간인 우주여행의 최초인지를 두고 논란도 일었습니다.

그런데 그해 9월 16일 스페이스X가 민간인 4명을 태운 우주선을 발사해 궤도에 진입했습니다. 이전의 민간 우주선이던 버진 갤럭틱과 블루 오리진은 각각 상공 88킬로미터, 106킬로미터 높이에서 몇 십 분 수준의 우주여행에 그쳤으나, 스페이스X의 우주선은 사흘에 걸쳐 지구 궤도를 돌았습니다. 더구나 우주비행사도 없이 민간인들만 탑승했지요. 우주선의 모든 작동은 원격 자동이고, 터치스크린을 탑재했습니다. 우주 산업을 연구하는 이들은 인류의 '우주여행 시대'가 열렸다고 박수를 보냈지요.

'뉴 스페이스'란 말은 과거의 우주 개발 방식과 다름을 강조한 건데요. 우주 산업에 뛰어든 기업들이 2015년부터 사용하다가 2020년대 들어 보편화된 용어입니다. 기존의 우주 개발 방식은 '올드 스페이스(old space)'라 명명했지요. 우주 개발을 정부가 주도해서 소수의 항공 우주 기업과 계약을 체결하는 방식이 올드 스페이스입니다. 정부가 개발 요건을 제시하면, 기업이 개발 사업을 수주하고 정부가 다시 단계적 검사를 통해 기술 개발을 촉진했지요. 그런데 뉴 스페이스는 기업이 생산한 상품과 서비스를 정부가 구매하는 '시장 주도의 우주 개발 방식'입니다.

미국의 우주 개발이 종래의 국가 주도에서 기업 주도로 넘어가고 있는데요. 제4차 산업혁명에 앞장선 대기업들이 우주 공간의 상업화에도 적극 나서고 있습니다.

미국은 소련과 우주 탐사 경쟁을 하던 냉전 시대가 끝나자 나사 예산 배정을 대폭 줄였습니다. 자본주의 국가답게 우주 개발 권한의 상당 부분을 기업에 넘겼지요. 미국 연방 정부 예산 가운데 나사 예산의 비중은 0.5퍼센트 수준으로 떨어졌습니다. 하버드대학교 경영대학원 교수 매튜 바인지얼은 우주를 "마지막 개척지(Space, the Final Frontier)"로 표현하고 "기존의 중앙 집중적인 우주 산업의 탈중앙화 흐름"이 뉴 스페이스라고 풀이했습니다. 여기서 '개척지'라는 단어는 백인들이 아메리카 대륙에 들어가 서쪽을 '개척'해 간 '전통'을 담고 있습니다.

우주 개발에 나선 기업들은 뉴 스페이스에서 부가 가치를 창출할 영역이 무궁무진하다고 강조합니다. 뉴 스페이스 산업이 전성기를 맞았다는 주장도 나오고 있는데요. 실제로 우주 산업에 기술 혁신이 활발하게 일어나고 있습니다. 대표적으로 머스크의 스페이스X나 베이조스의 블루 오리진을 살펴볼까요.

머스크가 2002년 스페이스X를 창업할 때 내세운 목적이 '국제 우주 정거장 보급과 상업용 인공위성 발사'입니다. 2006년 나사와 국제 우주 정거장의 화물 운송 계약을 맺어 28억 달러(3조 3100억 원) 지원금을 받으며 '우주 기업'으로 자리 잡았습니다. 나사는 2011년에 자신들이 운영하던 유인 우주선 프로젝트(스페이스 셔틀) 대신 스페이스X를 상업용 유인 우주선 개발 프로젝트의 지원 대상자로 선정했지요. 2012년에는 세계에서 처음으로 상업용 우주선을 발사해 국제 우주 정거장에 도킹시켰습니다. 2015년에는 위성 네트워크 사업 진출을 선언하고 로켓(Falcon 9)을 발사한 뒤 그 로켓을 회수해 재활용에 성공했지요. 정부 주도로 발사할 때는 폐기됐던 로켓을 회수해 재사용하는 기술을 도입함으로써 발사 비용을 기존의 10분의 1로 떨어뜨렸습니다. 그것이 혁신의 도화선이 됐지요. 2017년부터 스페이스X는 재사용 로켓을 통해 인공위성 발사를 함으로써 미국은 물론 저가 경쟁을 펼치던 중국과 러시아의 경쟁사에 비해 비용 면에서 큰 경쟁력을 확보하게 되었습니다. 2019년 11월에는 팰컨 9를 통해 스타링크 위성 60대 발사에도 성공했지요. 글로벌 통신 업계가 스페이스X의 성장에 긴장할 수밖에 없는 이유입니다. 저렴한 위성 발사에 더해 한 번에 수십 개의 인공위성을 지구 궤도에 올려놓을 수 있는 능력으로 전 지구적 인터넷 사용이 가능하도록 거대한 위성 연결망 프로젝트를 추진하고 있거든요. 지구 궤도에 1만 2000개에서 4만 개의 위성을 설치해서 지구 모든 곳에 인터넷 서비스를 제공한다는 구상입니다. 수십 조의 수익을 낼 수 있다고 장담합니다. 머스크는 2024년부터 화성에 탐사단을 보내 궁극적으로 화성에 식민지를 건설하겠다는 계획 또한 당당히 밝혔습니다.

베이조스와 브랜슨도 머스크를 견제하며 우주 사업에 한창입니다. 블루 오리진이 2015년 개발한 '뉴 셰퍼드(New Shepard)'는 우주 관광용으로 개발된 재사용 발사체입니다. 버진 갤럭틱의 우주여행 비즈니스도 뉴 스페이스의 좋은 보기입니다.

지구 궤도를 돌고 있는 국제 우주 정거장.

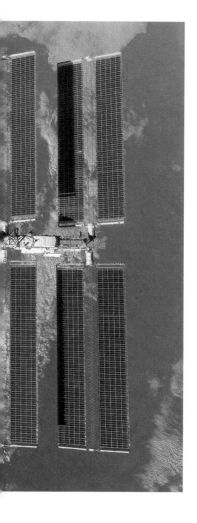

우주 산업은 여러 영역으로 확장되고 있습니다. 2016년부터 국제 우주 정거장에서 상업 실험이 허용되자 제약 업체 아스트라제네카는 인공 장기와 관련한 우주 의학 실험에 나섰지요. 무중력 상태에서는 장기 조직이 겹겹이 잘 쌓여 실험에 유리한 조건이라고 합니다.

나사는 달과 화성에 정착하는 시대를 대비해 영양과 맛, 식감이 쇠고기·돼지고기와 똑같은 대체 육류를 3D로 프린팅하는 연구를 지원했습니다. 그 결과 대체 육류인 곤충 산업이 앞으로 급성장할 예정입니다.

우주 산업의 폭발적 성장과 우주 경제 개념

기업이 주도하는 '뉴 스페이스' 시대의 우주 산업은 사업 대상에 따라 크게 두 가지로 구분됩니다. 지구를 대상으로 하는 우주 산업과 우주를 대상으로 하는 우주 산업입니다.

통신·인터넷 인프라, 우주 관측, 국가 안보 위성이 대표적인 지구 대상 우주 산업입니다. 달이나 소행성에서 우주 자원을 채취하는 것처럼 우주에서 생산되는 상품이나 서비스가 우주 대상 우주 산업이지요.

2020년 현재 전체 우주 산업의 95퍼센트를 차지하는 것은 지구를 대상으로 한 '위성 우주 사업'입니다. 〈하버드 비즈니스 리뷰〉에 따르면 2020년에 위성 우주 사업의 규모가 3660억 달러(약 429조 원)였는데 같은 해 세계 반도체 시장 규모가 400조 원이었습니다. 우주 산업의 규모가 얼마나 큰지 가늠해 볼 수 있겠지요. 첫 민간 유인 우주선 성공은 앞으로 본격적인 우주 대상 우주 산업을 예고합니다.

글로벌 투자 은행 모건 스탠리와 미국 위성 산업 협회(SIA)는 2020년 발표한 보고서에서 우주 산업의 시장 규모가 2040년 1조 달러(1100조 원)를 넘어서리라고 전망했습니다. 우주 산업의 시장이 폭발적으로 성장한다는 전망인데요. 모건 스탠리는 앞으로 우주 산업을 이끌 열 가지 '우주 비즈니스' 모델을 꼽았습니다. 위성을 지구의 낮은 궤도로 발사하는 사업, 저궤도 위성을 통한 위성 인터넷 사업, 인간과 화물을 달이나 화성으로 보내는 운송 사업, 민간에게 우주 관광 상품을 판매하는 우주여행 사업 들입니다. 보고서는 우주여행 사업만 10년 안에 80억 달러(9조 5000억 원) 규모로 성장하리라고 예측합니다.

우주 산업이 폭발적으로 성장하리라는 기대감이 높아지면서 글로벌 투자 시장에서 돈이 몰리고 있습니다. 한국의 국제 무역 통상 연구원이 2021년 8월 발간한 '우주 산업' 관련 보고서에 따르면 우주 기업에 대한 민간 투자도 급증하고 있습니다. 2009년부터 2021년 2분기까지 세계 1553개 우주 기업에 투자된 금액은 총 1998억 달러(약 230조 원)에 이릅니다.

스페이스X를 비롯한 우주 사업체들의 경제성이 입증되면서 글로벌 기업들은 물론 미국과 중국을 비롯한 전 세계 주요국들도 적극 뛰어들었습니다. '우주에 미래가 있다'는 판단이 들자 우주 산업 투자를 통해 초기 시장의 주도권을 확보하려는 속셈이지요.

세계 경제를 끌어가는 경제 협력 개발 기구(OECD)도 '우주 경제'를 개념화하고 나섰습니다. '우주를 탐색, 연구, 이해, 관리 및 활용하는 과정에서 인간에게 가치와 혜택을 창출하는 모든 활동과 자원의 사용'을 우주 경제로 정의했습니다. 회원국 기준으로 2020년 4000억 달러의 가치를 창출했다고 평가했습니다.

경제 협력 개발 기구는 우주 산업의 산출물을 시간의 경과에 따라 우주 경제 활동의 도입 단계(readiness), 집중화 단계(intensity), 기술적 · 경제적 파급 단계(impact)로 구분했습니다. 그 모든 과정에서 사회 · 경제적 가치가 구현된다고 보았지요. 우주 경제를 네 가지 유형으로 구분했는데요. ① 새로운 제품과 서비스의 창출, ② 관련 산업의 생산성 및 효율성 증대, ③ 지역과 국가의 경제 성장, ④ 사회적 비용 절감 효과입니다.

우주경제론자들은 우주 경제가 경제 성장의 한 부문일 뿐만 아니라 다른 부문의 성장을 가능케 하는 핵심 동력이라고 주장합니다. 경제와 사회가 우주와 이어지며 성장하고 진화한다고 보는 건데요. '우주 인프라'가 새로운 서비스의 개발을 가능케 하면서 기상학, 에너지, 통신, 보험, 운송, 해양, 항공 및 도시 개발과 같은 분야에서 새로운 응용으로 이어져 추가적인 경제·사회적 이익을 얻을 수 있다는 거죠. 2040년까지 1조 달러 규모의 차세대 산업이 될 수 있다고 선언한 까닭입니다. 세계적으로 우주 산업에 일반인들의 관심이 높아지자 우주 벤처에 민간 투자가 붐이 일어나 벤처 캐피털(VC) 시장과 연결되고 있습니다.

우주 경제의 상업적 잠재력은 풍부합니다. 우주에 기반한 청정 에너지원의 활용, 유용한 자원 채굴을 위한 소행성 발굴, 과학 실험을 위한 안전한 장소 개발, 현재 우주에 떠도는 위험하지만 귀중한 쓰레기의 재가공(업사이클링) 들이 모두 사업 영역일 수 있습니다.

우주를 상업적으로 접근하는 방식에는 통신, 항법, 방위를 위한 우주 공간 사용도 있습니다. 우주 교통 인프라는 기업들이 삶의 질을 높이고 생활비를 줄이는 우주 기반 산업을 개발할 수 있는 환경이 됩니다.

뉴 스페이스를 주장하는 사람들은 정부가 민간 우주 산업을 지원하고 육성해야 한다고 주장합니다. 실제로 기업들이 우주 산업을 개발하고 나사나 정부가 기업의 고객으로서 운송 및 궤도 시설과 같은 주요 서비스를 구매하기 시작했습니다. 기업들은 정부가 우주 산업 기반 시설에 계속 자금을 지원해야 한다고 주장합니다. 아울러 우주 상거래에서 재산권을 정의하고 방어하는 법적·제도적 마련과 더 다양한 우주 활동으로 이어지는 연구를 장려해야 한다는 주장도 나오고 있습니다.

우주 경제에서 정부의 바람직한 역할로 룩셈부르크와 아랍에미리트 사례가 꼽힙니다. 룩셈부르크는 '우주 자원'을 채굴하는 우주 산업을 국가 경제 정책의 핵심으로 삼았는데요. 앞으로 룩셈부르크를 우주 자원 탐사의 중심지로 만들겠다는 구상입니다.

2014년 우주청을 설립한 아랍에미리트는 화성 탐사에 성공한 다섯째 국가입니다. 2028년 화성과 목성 사이에 있는 소행성대 탐사를 계획하고 있습니다. 특히 아랍에미리트 정부는 100년 뒤의 미래를 염두에 둔 우주 계획을 정부 웹사이트에 공개했는데요. 2117년까지 화성에 미국 시카고 규모의 도시를 완공한다는 프로젝트를 추진하고 있습니다. 그 중간 단계로 축구장 24개 면적보다 큰 17만 제곱미터 넓이의 '사막 복합 센터' 설계에 들어갔지요. 정부가 먼저 장기적인 우주 프로그램을 제시해야 그에 맞춰 기업들이 사업 계획을 세울 수 있다고 주장합니다.

문제는 뉴 스페이스를 내세운 기업들이 요구하는 정부 지원금이 다름 아닌 국민의 세금이라는 건데요. 우주 산업을 정부가 지원할 때 그 이익을 국민들과 공유하는 방안을 마땅히 마련해야겠지요. 그래야 우주 산업에 대한 정부 지원도 지속될 수 있지 않을까요.

대한민국의 우주 개발 현주소

대한민국은 우주 개발을 선진국들보다 뒤늦게 시작했습니다. 우리나라 최초의 인공위성은 한국 과학 기술원(KAIST) 인공위성 연구 센터에서 만든 우리별 1호인데요. 1992년 8월 11일 아리안 4(Ariane 4) 발사체에 실려 남아메리카 프랑스령 기아나에 위치한 기아나 우주 센터에서 발사됐습니다. 고도 1300킬로미터의 임무 궤도에 성공적으로 진입했지요. 인류 최초 인공위성인 스푸트니크 1호에 비하면 35년 늦은 셈입니다. 우리별 1호는 한국 과학 기술원이 위성 분야의 우수한 인력을 길러 내고 우주 기초 기술을 확보하기 위해서 영국 대학에 학생과 연구원들을 파견해 기술 전수를 받으면서 만들었습니다.

한국은 우리별 1호에 이어, 1993년 우리별 2호, 1999년 우리별 3호를 개발하면서 위성을 제작하는 기술을 독자적으로 완성했습니다. 우리별 시리즈의 계보를 잇는 소형 과학 위성은 과학 기술 위성 1, 2, 3호와 차세대 소형 위성 1, 2호로 이어지고 있습니다.

무궁화 위성 1호도 1995년 발사되면서 첫 상용 위성으로서 통신 방송 위성 시대를 열었습니다. 고해상도로 지구를 관측하기 위한 다목적 실용 위성 1, 2, 3, 3A, 5호가 개발되었고 정지 궤도에도 통신, 해양, 기상의 목적으로 천리안 1, 2A, 2B호를 발사했습니다.

로켓 분야에서는 한국 항공 우주 연구원이 고체 추진체를 사용하는 1단형 과학 로켓(KSR-I), 2단형 중형 과학 로켓(KSR-II), 액체 추진체를 사용하는 과학 로켓(KSR-III)을 성공적으로 발사했습니다. 그 경험을 바탕으로 우주 발사체 나로호를 2013년 세 번째 시도 만에 성공적으로 발사했지요. 나로호는 3단 로켓 중에 가장 중요한 1단 로켓의 개발을 러시아에서 담당했기 때문에, 순수 우리 기술로 만들었다고 볼 수 없었지요.

마침내 2023년 5월에 우리 땅에서, 우리의 발사체로, 우리의 인공위성을 우주로 보냈습니다. 누리호입니다. '우주 주권'을 확보한 셈이지요. 한국의 우주 산업은 정부가 주도하는 사업에 국내 기업들이 참여하는 올드 스페이스 형태에 가깝습니다. 앞으로 전개될 우주 산업 시장 규모를 파악한 기업들은 뉴 스페이스

국내 독자 기술로 개발된 한국형 발사체 누리호가 2023년 5월 25일 전남 고흥군 나로 우주 센터에서 발사
되는 장면.

단계로의 진입을 적극 모색하겠지요.

2022년 11월에 선포한 '미래 우주 경제 로드맵'에서 정부는 10년 후인 2032년에는 달에 착륙하여 자원 채굴을 시작할 것이며 2045년에는 화성에 태극기를 꽂을 것이라고 공언했지요. 실현하기 벅찬 계획이지만 최선을 다하겠다는 의지로 읽힙니다.

로드맵은 달 채굴이나 '화성 태극기' 못지않게 우주 경제가 현대인의 일상생활에 끼칠 영향을 담고 있기에 찬찬히 들여다볼 필요가 있습니다. 특히 앞으로 방향을 제시한 다음 대목이 그렇습니다.

우주 경제 로드맵을 통해 우리의 경제 영토는 지구를 넘어 달과 화성으로 넓혀 갈 것입니다. 우주 기술은 최첨단 기술의 집약체이자, 기존 산업을 부흥시키고 신산업을 탄생시키는 동력입니다. 세계 5대 우주 기술 강국으로 도약하기 위해 누리호보다 강력한 차세대 발사체를 개발하고, 발사체와 위성의 핵심 부품에 대한 기술 자립을 이룰 것입니다.

한국형 위성 항법 시스템을 구축해서 UAM, 자율 주행차 등 신산업을 지원할 것입니다. 이를 위해 5년 내에 우주 개발 예산을 2배로 늘리고 2045년까지 최소 100조 이상의 투자를 이끌어 낼 것입니다. 공공 기관이 보유한 우주 기술을 민간에 이전하고, 세계 시장을 선도할 민간 우주 기업이 나올 수 있도록 전용 펀드를 만들어서 지원하겠습니다.

위성을 활용한 우주 인터넷 기술을 통해 지상 네트워크의 한계를 극복해서 글로벌 통신과 데이터 서비스 시장을 선도하고 재난 대응에도 활용할 것입니다. 대전·전남·경남 우주 산업 클러스터 3각 체제를 통해 우주 산업 인프라를 구축하고 시험 설비와 첨단 장비를 누구든 최적의 조건으로 활용하고 접근할 수 있도록 하겠습니다. 또한 위성의 관제와 활용 등을 통합 운영하고, 위성으로부터 획득한 다양한 데이터를 기후 환경 변화 대응, 농작물 수급 예측, 도시 계획 수립 등에 폭넓게 활용해서 비즈니스를 창출해 나가도록 하겠습니다.

인재 양성 또한 매우 중요합니다. 초중고, 대학, 대학원을 거쳐 산업계까지 이어지는 우수 인재 융합 교육 프로그램을 운영해서 우주 기술을 이끌어 갈 인재를 양성해 낼 것입니다. 대학에 세계 최고의 연구 환경을 갖춘 우주 기술 연구 센터를 만들고 NASA를 비롯해서 국내외 우수 연구 기관과의 공동 프로젝트를 통해 연구 역량을 키워 나가겠습니다.

우주에 꿈을 지닌 청소년들이 자신의 미래를 열어 가기 위해서라도 귀 기울여 볼 대목입니다. 로드맵이 다부지게 강조하듯 우주 기술은 '일상의 모든 분야에 다 적용할 수 있는 기술'입니다. 선포식에서 정부 발표에 이어 78개의 우주 관련 기업체를 대표한 15명이 무대에 올랐습니다. 한국우주기술진흥협회장이 대표로 '우주 경제 실현을 위한 공동 선언'을 낭독했는데요. 선언문에서 "뉴 스페이스 시대 우주 산업에 참여하는 기관들은 '미래 우주 경제 로드맵'을 바탕으로 새로운 성장 동력을 창출함으로써 2045년 광복 100주년에 대한민국 우주 경제 강국의 꿈을 실현할 수 있도록 힘을 모아 노력할 것"을 다짐했습니다.

2022년 12월에 정부는 관계 부처 합동으로 '2045 우주 경제 강국 실현'을 비전으로 '미래 우주 경제 로드맵 이행을 위한 제4차 우주 개발 진흥 기본 계획'을 확정해서 발표했지요. 세부 추진 계획으로 △2032년 달 착륙과 2045년 화성 착륙을 목표로 우주 탐사 확대 △2030년 무인 수송 역량 완성과 2045년 유인 수송 역량 완성을 목표로 우주 수송 완성 △2030년 자생적 산업 생태계 구축과 2045년 10대 주력 산업 진입을 목표로 우주 산업 창출 △재난 및 재해와 우주 사이버 안보 역량 고도화

등을 목표로 우주 안보 확립 △2030년 다학제적 우주 과학 연구 역량 확보와 2040년 세계 선도형 우주 과학 임무 선도적 수행 등을 목표로 우주 과학 확장이 제시됐습니다. 그리고 6개월이 지난 2023년 5월 25일 누리호 3호를 성공적으로 발사했지요.

2024년 현재 국내 우주 산업에서 가장 눈에 띄는 기업은 한화 그룹입니다. 그룹 차원에서 '우주 경영'을 선포하고 적극 뛰어들었는데요. 우주 사업 총괄 조직으로 '스페이스 허브'를 만들고 카이스트와 공동으로 우주 연구 센터를 설립해 ISL(위성 간 통신 기술) 개발에 속도를 내고 있습니다. ISL은 저궤도 위성을 활용해 통신 서비스를 구현하는 기술로 위성 간 데이터를 주고받는 것이 핵심입니다. ISL 기술을 통해 여러 대의 위성이 레이저로 데이터를 주고받으면서 수많은 데이터를 빠르게 처리할 수 있습니다.

각 계열사가 우주 사업에 나서고 있는데요. 한화에어로스페이스가 그룹의 항공 엔진·기계·발사체 등 우주 산업을 총괄합니다. 누리호의 심장격인 75톤 액체 로켓 엔진 생산을 담당했습니다. 누리호 엔진은 한국 기술로 독자 개발, 비행 시험을 통해 성능 검증까지 마친 최초의 국내 우주 발사체 엔진이지요. 발사체가 중력을 극복하고 우주 궤도에 도달하는 동안 고온, 고압, 극저온 등 극한의 조건을 견뎌 낼 수 있도록 설계됐습니다.

방산 업체인 ㈜한화는 누리호를 구성하는 핵심 부품인 파이로 시동기, 1단/2단 역추진 모터, 2단 가속 모터, 페어링 분리 장치, 위성 분리 장치 및 단 분리 장치, 가속 모터 점화기, 비행 종단 장치 들을 개발하고 공급함으로써 발사체 기술 자립에 기여했습니다. 한화시스템은 영국 위성 통신 안테나 전문 기업 '페이저솔루션'을 인수해 한화페이저를 설립했습니다. 전자식 위성 안테나는 기지국, 광랜 등 지상 인터넷망이 닿지 않는 바다와 하늘에서 위성 통신을 이용하기 위해 필요한 장비이지요.

한화 그룹과 달리 한국항공우주산업(KAI)은 항공 우주 산업 전문 기업입니다. 위성·발사체·지상 장비 제작 업체 가운데 매출 규모가 가장 큰 회사입니다. 2014년부터 누리호 사업에 참여, 누리호 체계 총 조립을 맡는 등 국내 우주 산업의 핵심 기업으로 떠올랐지요. 300여 개 기업이 납품한 부품을 조립했습니다. 1단 추진체, 연료 탱크, 산화제 탱크도 제작했습니다.

LIG넥스원은 위성 체계 연구소를 세우고 첨단 위성 개발에 속도를 내고 있습니다. 다목적 실용 위성(아리랑) 6호 내부의 제어 장치를 국산화하며 주목을 받았지요. 과학 기술 정보 통신부가 추진하고 있는 한국형 위성 항법 시스템 개발 사업 준비에 한창입니다.

국내 항공우주공학자들은 미래의 국가 경쟁력이 우주 산업 육성에 달려 있다고 강조합니다. 제4차 산업혁명 시대에 인공지능·빅데이터·자율주행 산업과 우주 산업이 깊게 연관돼 있다는 거죠. 누리호 발사 성공으로 세계 7대 우주 강국에 올랐지만 우주 선진국과의 기술 격차를 좁히는 전략이 필요한데요. 많은 학자들이 미국의 우주 개발 방식처럼 '뉴 스페이스'를 주장합니다. 정부가 주도하는 올드 스페이스는 우주 산업체의 기반 기술, 혁신 역량 부재로 이어져 뉴 스페이스의 생태계 조성에 역행한다는 비판도 나오고 있습니다. 정부가 주도하고 기업은 일부 부품들 제작에만 참여하는 구조에선 기술 혁신이나 역량 축적이 어렵고 하청업체 역할에 머무를 수밖에 없다는 주장입니다. 과학 기술 정책 연구원도 국가 우주 개발 사업 체계를 전환해야 한다고 역설합니다.

경제 협력 개발 기구는 우주 산업 발전 단계를 뉴 스페이스 흐름에 맞춰 태동기, 정착기, 성숙기의 3단계로 구분했습니다. 태동기는 정부 주도로 연구 개발(R&D)이 이뤄지고 산업 기반이 조성되는 단계입니다. 정착기는 민간 기업 참여가 시작되는 단계며, 성숙기는 기업 주도 우주 기술 개발로 산업 생태계가 한층 다양해지는 단계를 일컫습니다. 한국 정부는 현재 국내 우주 산업이 태동기를 거쳐 정착기 단계를 밟는 것으로 보입니다.

한국이 '우주 G7'에 들어선 것은 좋은 일입니다. 더 나아가 전자 산업의 반도체처럼 우주 산업 분야에서도 세계적 강국으로 떠오를 수도 있겠지요. 다만 우주 개발이나 우주 기술, 더 나아가 기업 주도의 우주 산업을 논의할 때 성찰할 지점이 있습니다. '우주 경제 선도국'이 되는 방법으로 기업 참여의 활성화를 논의할 때 짚어야 할 문제인데요.

뉴 스페이스를 주도할 기업들의 우주 개발 목표는 스스로 인정하듯이 공적인 것이 아닙니다. 기업의 매출 증대와 이윤 추구가 최우선이지요. 물론 그 과정에서 효율성이 나타날 수도 있습니다.

하지만 뉴 스페이스 시대로의 전환을 가능하게 한 기반을 짚어 볼 필요가 있습니다. 우주 관련 기술의 급격한 발전과 기술

표준화 및 상용화가 없었다면 기업들은 우주로 진출할 수 없었습니다. 세금을 비롯한 공적 자금을 투입해 국가 차원, 더 나아가 인류 차원에서 우주 탐사를 한 성과들을 자칫 기업이 아무런 대가도 지불하지 않고 고스란히 가져갈 수 있습니다.

우주 개발의 정부 주도는 '올드' 스페이스이고 기업 주도는 '뉴' 스페이스라는 구분도 기업들이 언론에 유포한 분류 방식입니다. 마치 기업이 주도하지 않으면 낡은 방식으로 이해되기 십상이지요.

하지만 우주까지 시장으로 보고 기업 주도나 자본 주도로 개발할 때 정말 문제는 없을까요. 그것을 '민간 주도'나 '뉴 스페이스'로 미화할 일만은 아닙니다. 예를 들어 보죠. '우주 쓰레기'를 짚어 봅시다. 총알보다 10배 속도로 지구를 돌고 있는 1밀리미터에서 1센티미터 사이의 우주 쓰레기가 지금도 1억 개를 훌쩍 넘습니다. 작다고 안심할 일이 아니지요. 지름 1센티미터보다 큰 쓰레기가 90만 개, 10센티미터 이상도 3만 6000개가 넘거든요. 10년 뒤에는 3배로 늘어날 전망입니다.

위성의 연쇄 충돌로 파편이 더 자잘하게 쪼개져 궤도가 아예 쓰레기로 덮일 수 있다는 경고가 40년 전에 나왔지만 '쇠귀

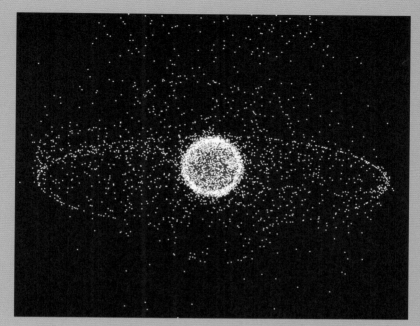

지구 궤도를 돌고 있는 우주 쓰레기의 상상도.

에 경 읽기'였습니다. 지구 환경 보호와 앞으로 우주여행을 위해서도 관련국들이 머리를 맞대고 풀어야 합니다. 파편이 우리에게 떨어질 가능성이 조금씩 현실로 나타나고 있어 더 그렇지요.

우주와 지구 환경을 보호하려면 모든 관련국에 적용되는 새로운 국제 협약이 절박한데요. 그럼에도 국가 주도 방식이던 지금까지와 달리 '이윤 추구'가 목표라고 서슴없이 자부하는 기업들이 앞을 다퉈 우주를 욕망할 때 어떻게 될까요. 우주 쓰레기들 또한 폭발적으로 늘어나지 않겠습니까.

우주 법 연구자들이 강조하듯이 우주 개발이 정부 재정으로만 이뤄지던 시기엔 사업 자체를 정부가 통제하기 때문에 관련 법률이 꼭 필요하지는 않았습니다. 하지만 사적인 이윤 추구가 목적인 기업이 우주 개발을 주도한다면 국제 규범에 맞춰 그들을 관리하는 법제가 반드시 있어야 합니다. 가령 인공위성 운영 사업자들에 대한 허가라든가 '우주 물체' 운용에 대한 법이 필요하겠지요. 실제로 프랑스에는 '우주 물체의 운용에 관한 법률'이, 일본에는 '인공위성 등의 발사 및 인공위성의 관리에 관한 법률'이 있습니다. 심지어 미국 나사도 혁신과 비용 절감을 위해 기업들과 계약을 체결했지만 우주 탐사를 위해 처음 개발한 기존 방식 또한 계속 유지하고 있습니다.

따라서 미국 기업들 중심으로 뉴 스페이스 흐름이 가속화되고 있다고 해서 우리가 그 뒤를 무조건 따라가는 것은 바람직해 보이지 않습니다. 한국이 우주 경제 선도국이 되려면 어떤 방식이 좋을지 깊은 성찰과 충분한 토론이 필요합니다.

'화성에 정착할 개척자' 모집에 20만 명 몰려

"화성에서 아이를 낳아 인류의 화성 정착에 기여하겠다."

영국 버밍엄대학교에서 천체물리학 박사과정을 밟고 있는 스물다섯 살 매기 리우가 언론에 밝힌 포부입니다. 그는 2011년 네덜란드에서 비영리 민간단체로 설립한 '마스원(Mars One)'이 밝힌 화성 정착 프로젝트에 참여했습니다. 마스원은 2020년에 화성을 식민지로 개척할 사람들을 보내겠다며 투자자로부터 수천만 달러를 모금했습니다. 화성에 영구 정착할 신청자 모집에 20만 명이 몰리며 주목을 받았지요.

마스원은 우주인을 선발하고 훈련하는 과정부터 화성에 정착해서 생활하는 모습까지 TV 리얼리티 쇼로 제작해 그 중계권으로 자금을 조달할 계획을 세웠습니다. 그런데 목표를 처음 2020년에서 2023년, 다시 2025년으로 늦췄는데요. 첫 개척민 4명을 화성에 보내고 2, 3년마다 후발 팀을 보내겠다고 밝혔지요. 하지만 기술적 뒷받침이 전혀 없어 의혹을 받다가 결국 2019년에 파산을 선언했습니다. 화성 식민지 개척민의 최종 후보 100명 가운데 한 명으로 뽑힌 신청자는 "화성에 가기 위해 라운드마다 일정 점수를 따야 하는데 점수를 얻는 유일한 방법은 마스원에서 내놓는 상품을 사거나 기부를 하는 것"이라고 폭로했습니다.

우주의 꿈을 이용한 기업들의 사기가 종종 드러나는데요. 사람들이 우주에 지닌 관심을 이용해 돈을 더 많이 벌려고 관련 기업을 설립한 경우가 많습니다. 1999년 설립해 20년 가까이 로켓 엔진과 우주여행을 위한 소형 우주 비행기 링스(Lynx)를 개발해 온 미국의 '엑스코 에어로스페이스(XCOR Aerospace)는 업계에서 촉망받던 회사였습니다. 투자자들을 많이 모으고 우주 비행기 개발을 위한 기술적인 성취도 거뒀지요. 그런데 2017년 경영난으로 엔진 개발을 중단하며 파산했습니다. 벤처 기업들이 실패하는 사례가 많은지라 더러는 안타깝게 여겼는데요. 엑스코 에어로스페이스의 경영진이 투자자들에게 재정 상황을 사실과 달리 전달한 사실이 밝혀졌습니다. 결국 투자자들은 회사를 사기 혐의로 고발했습니다. 전문가들은 뉴스페이스 기업이 기회와 위험을 동시에 지니고 있다고 지적합니다.

제4차 산업혁명과 우주 개발은 어떤 관계가 있을까?

우주 개발은 제4차 산업혁명과 밀접한 관계가 있습니다. 미국의 대표적 싱크탱크인 브루킹스 연구소가 2023년에 낸 보고서를 들춰 볼까요. 제4차 산업혁명을 상징하는 블록체인 기술과 인공지능(AI), 3D 프린팅, 소재 과학, 나노 기술, 생명 공학이 우주 산업에서 발사 비용 감소와 소형 위성 기능 확대로 이어진다고 합니다.

이미 소재 과학과 3D 프린팅 발전으로 발사 비용이 크게 줄어들어 우주 산업에 활력을 불어넣고 있습니다. 탄소 섬유와 고급 재료로 로켓의 무게가 훨씬 가벼워졌거든요. 3D 프린팅으로 24시간 안에 로켓 엔진을 생산할 수 있어 시간과 비용도 크게 줄었습니다. 발사 비용이 줄며 소형 위성 기술력도 높아졌지요. 데이터 저장이나 카메라 기술의 향상은 위성을 더 값싸고 빠르게 만들었습니다. 소형 위성을 활용하는 기업들도 늘고 있어요.

무엇보다 인공지능은 인류의 우주여행이라는 오랜 꿈을 실현하는 데 기여할 수 있습니다. 우주여행에서 가장 중요한 것은 우주선의 안전이잖습니까. 인공지능은 우주선 내부의 환경을 철저히 모니터링하고, 문제가 발생하면 즉각적으로 대처할 수 있도록 도울 수 있습니다. 우주선의 위치와 속도를 정확하게 파악해 우주선의 운행을 안전하게 유지하는 데도 사용됩니다. 인공지능은 우주 탐사 로봇을 제어하고 장비를 치밀하게 관리할 수 있습니다. 보고서에 따르면 우주 탐사의 효율성을 높이고 탐사 결과를 더 정확하게 분석할 수 있게 합니다.

우주여행에서 중요한 것은 몸의 건강인데요. 인공지능은 우주여행 중에 발생할 수 있는 의료 문제를 예방하고 조기에 발견해서 적절한 처치를 할 수 있도록 도와줍니다.

현재 미국 나사는 물론 유럽 우주 기구(ESA)를 비롯해 많은 국제 우주 기관과 각국의 대학, 대형 IT 기업들이 우주를 위한 인공지능 개발에 매진하고 있습니다. 우주여행을 위한 인공지능 기술은 아직 초기 단계지만, 앞으로 우주여행의 안전성과 효율성을 높일 뿐만 아니라 외계 생명체를 찾는 과정에도 큰 도움이 되리라 전망합니다.

3
SF 영화의 우주 상상력

우주 상상력의 상업화, 〈스타워즈〉

우주 산업의 한 축은 문화 산업입니다. 문화 산업은 '문화 생산물이나 서비스가 상업적, 경제적 고려에 의하여 하나의 상품으로 생산, 판매되는 산업 형태'를 이릅니다. 한국에선 다소 낯선 용어였지만 1990년대 후반에 김대중 정부가 문화 산업을 적극 육성하면서 "영화 〈쥬라기 공원〉 1년 흥행 수입이 우리나라 자동차 150만 대를 수출해서 얻는 수익과 같다"는 말이 퍼졌지요. 영화가 주요 수출품인 자동차와 비교되면서 사람들의 인식을 많이 바꿨는데요. 실제로 전 세계에 걸쳐 영화 매출액이 가장 높은 〈아바타〉(2009)는 속편까지 합쳐 52억 달러가 넘습니다.

　우주를 배경으로 한 문화 산업은 일찌감치 시작됐습니다. 대표적으로 외계인이 주인공으로 등장해 오랜 세월 사랑받고 있는 영화가 있죠. 〈슈퍼맨〉(1978)입니다. 미국에서 시작한 세계적 대공황 시기인 1938년에 만화가 제리 시걸, 조 슈스터에 의해 태어나 21세기 넘어서도 지구촌 사람들에게 즐거움을 주고 있지요.

미국이 세계 초강대국으로 떠오르면서 슈퍼맨은 라디오, 텔레비전 드라마, 영화로 제작되며 지구촌으로 퍼졌습니다. 그럼 〈슈퍼맨〉에 어떤 우주적 상상력이 들어 있는지 짚어 볼까요.

슈퍼맨은 크립톤(Krypton) 행성에서 온 외계인입니다. 크립톤은 수명이 다한 붉

영화 〈슈퍼맨〉 포스터(1978).

은 별을 중심으로 공전하다가 결국 폭발한 별인데요. 지구에서 27광년 떨어져 있는 가공의 행성이었는데 지구보다 중력이 매우 강합니다. 그래서 지구로 온 슈퍼맨의 몸이 인간보다 강인하고 날아다닐 수 있는 거죠.

영화가 계속 다시 제작되면서 조금씩 달라진 대목이 있는데

요. 슈퍼맨이 자신의 행성에서 바라본 붉은 별이 아니라 지구에 와서 노란 별(태양)의 에너지를 세포에 저장하여 초능력을 지니게 된 것으로 설명합니다. 행성이 폭발하기 전에 과학자인 부모가 아기인 칼 엘을 지구로 보냈는데요. 미국의 작은 시골 마을에서 살며 평범한 학생 클라크 켄트로 살았지만 커 가면서 자신의 비밀을 알게 됩니다. 학교를 졸업하고 도시로 나와 신문 기자로 일하다 영웅이 필요할 때는 순식간에 옷을 갈아입고 슈퍼맨으로 나타납니다. 정의를 위해 싸우는 것은 물론 지진이나 폭풍, 비행기 사고 같은 재난도 눈에 띄는 대로 다 막아 줍니다.

아이들에게도 더없이 친절하지요. 그래서일까요. 슈퍼맨을 흉내 낸다며 빨간 보자기 두르고 옥상에서 뛰어내려 죽거나 다친 어린이들이 언론에 보도되기도 했습니다. 슈퍼맨이 인간과 다른 외계인이고 중력 차이로 지구에선 날아다닐 수 있게 되었다는 '과학적 상상력'을 놓쳤기에 일어난 참사입니다.

문화 산업으로서 SF 영화의 가능성을 지구촌 사람들에게 널리 알린 작품은 〈스타워즈〉(1977)입니다. 물론 그 전에도 〈2001 스페이스 오디세이〉(1968)와 같이 화제를 일으킨 우주 영화가 있었지만 'SF 영화도 돈이 된다'는 인식을 투자자들에게 확실히 심어 준 영화는 〈스타워즈〉입니다.

영화를 만들 때 감독 조지 루카스는 제작비를 지원받기 위해 영화사들을 찾아갔지만 계속 거절당했습니다. 그 시기 영화 제작사들이 SF 장르에 회의적이었거든요. 가까스로 제작사를 구해 1977년 5월 개봉을 앞두고 시사회를 열었는데 악평이 쏟아졌습니다. 조지 루카스가 신인 감독이었고, 주연 배우 역시 신인급이었기 때문입니다. 내용이 유치하다는 비평도 있었지요.

그런데 개봉하자마자 선풍적인 인기를 얻으며 관객들이 몰렸습니다. 그러자 영화평론가들도 재빠르게 돌아섰지요. 마침 미국에서는 1969년 달 착륙 이후 우주의 다른 행성들을 탐사하자는 움직임이 활발했습니다. 달 착륙에 성공한 우주선을 떠올리며 지구 밖의 우주에 사람들의 호기심이 커 가고 있었거든요. 그런 상황에서 우주선들이 행성 사이를 오가며 전쟁을 벌이는 우주적 상상력을 듬뿍 담은 영화가 나온 거죠.

영화는 은하계가 무대입니다. 주인공인 루크 스카이워커는 한 행성에서 부모 없이 삼촌 내외와 함께 살았습니다. 으레 어린 시절에 그렇듯이 모험적인 삶을 꿈꾸지만 삼촌이 자신의 일을 도우며 조용히 살아가라고 합니다. 여러 행성으로 평화롭게 공존했던 은하계의 질서가 무너진 시대였거든요. 악의 세력이 무력으로 제국을 세웠습니다.

은하 제국의 압제 아래 놓인 은하계에서 독재에 저항하는 봉기가 일어납니다. 제국을 무너트릴 수 있는 극비 정보를 가진 레아 공주가 탈출을 시도하다가 추격대에 잡히는데요. 공주가 비밀 정보를 담아 도피시킨 로봇이 주인공 루크가 살고 있는 행성에 불시착합니다. 우연히 로봇과 만난 루크는 레아가 남긴 메시지에 따라 오비완 케노비를 찾아가요. 그는 은하 제국과 싸우다가 패배하여 피신한 기사단(제다이)의 생존자였습니다. 오비완은 루크에게 출생의 비밀을 알려주지요. 루크는 제다이였던 아나킨 스카이워커의 아들이며, 아버지는 제국의 실력자인 다스 베이더에게 죽임을 당했다고 들려줍니다. 다스 베이더에 대한 복수심과 그에게 붙잡힌 레아 공주를 구하려고 루크와 오비완은 우주선에 오릅니다.

은하계를 무대로 펼쳐진 영화가 흥행에 성공하자 그 뒤 9편까지 속편이 만들어졌지요. 속편에서 다스 베이더가 바로 죽은 줄로 알았던 루크의 아버지임이 드러나기도 합니다. 9편에 걸친 이야기를 몇 줄로 줄이기는 어렵습니다만, 주인공이 모든 생명체에게서 발산되는 에너지이자 은하를 하나로 통합하는 힘인 '포스'를 접하고 각성해서 제국의 폭정으로부터 은하계의 자유를 수호한다는 내용입니다.

영화의 주제는 전형적인 선과 악의 대립입니다. 감독 조지 루카스는 신화학자인 조지프 캠벨에서 영감을 얻었다고 밝혔는데요. 캠벨은 그리스·로마 신화를 비롯해 세계 각국의 신화들에 나오는 영웅의 공통점을 찾은 학자입니다. 루카스는 그 신화적 영웅상을 주인공 루크에 담았지요. 루크는 자신이 지닌 잠재력을 모른 채 평범하게 살아가다가 현명한 노인의 조언으로 각성해서 절대적인 악을 응징합니다. 다스 베이더는 강력한 힘을 지녔지만 더 큰 권력을 추구하는 욕망에 잠식되어 타락한 전형입니다.

〈스타워즈〉는 개봉 직후 미국에서 큰 인기를 얻으면서 영화 배급망을 타고 전 세계로 퍼져 갔습니다. 단순한 흥행을 넘어 사회 현상이 되었고, 영화 산업의 발전에 한 획을 그었습니다. 완구 회사와 계약을 맺으면서 영화에 나타나는 우주선을 비롯한 장난감들이 지구촌 곳곳에서 팔렸습니다. 소설은 물론 만화와 비디오 게임, 텔레비전 연재물로 이어졌지요. 영화가 극장을 벗

영화 〈스타워즈〉 포스터(1977).

어나 많은 파생 상품을 양산할 수 있음을 보여 준 첫 사례로 꼽
힙니다. 1977년 첫 편 개봉부터 지금까지 '스타워즈 프랜차이즈'
가 벌어들인 총수입은 300억 달러를 넘어섰는데요. 전 세계 국
가들의 국민총생산(GDP)과 비교하면 중간 정도 수준이지요.

영화에 대한 찬사와 비판을 하나씩 살펴볼까요. 법학자 캐스

선스타인은 '한 알의 모래 속에서 세계를 본다'는 윌리엄 블레이크의 시를 인용해 "스타워즈는 한 알의 모래다. 그 안에 온 세상이 다 들어 있다"고 찬사를 보냈습니다. 선스타인은 사실상 스타워즈는 아나킨 스카이워커와 루크 스카이워커의 이야기라고 풀이했는데요. 실제로 "내가 너의 아버지다"라는 대사가 유행했지요. 영화에서 아버지는 우주에서 가장 강력한 악당, 아들은 아버지에 맞선 제다이가 됩니다. 아들은 아버지를 용서하고, 아버지는 자기를 희생해 아들의 목숨을 구하는 장면에서 선스타인은 "이것은 모든 자식들에게 주는 교훈"이라며 "루크가 은하계 최고의 악당을 용서했다면, 세상에 용서받지 못할 부모란 없다"고 강조합니다. 행여 아버지에게 원한을 품고 있다면 그 "안 좋은 감정들은 흘려보내라"고 권했지요.

반면에 SF 작가 데이비드 브린은 〈스타워즈〉를 반민주적인 영화라고 경계합니다. 그는 〈스타워즈〉 영화 내내 정치 엘리트들이 자기들 마음대로 통치하며 민중들과 협의하지 않는 모습이 자연스럽게 그려진다고 지적했는데요. 엘리트들이 증거나 책임감 없이 주관적으로 판단하고 행동한다는 거죠. 중요한 일을 맡으면 어떤 죄도 용서받을 수 있다는 오해마저 불러온다고 비판합니다. 무엇보다 '진정한 리더'가 탄생하는데 그것은 알고 보니 유전적이고 통치권도 상속된다고 꼬집지요.

찬반을 떠나 영화 비평가들은 〈스타워즈〉에서 미국의 '건국 신화'를 읽어 냅니다. 은하 제국에 맞선 반란군 연합의 대립 구도가 대영 제국에 맞선 미국의 독립 전쟁으로 해석할 수 있다는 주장입니다. 아울러 우주를 무대로 한 영화 곳곳에서 할리우드가 즐겨 만든 백인들의 '서부극' 모습이 보인다고 분석합니다. 유치하다는 비평이 처음에 나온 이유이기도 한데요.

미국인들이 〈스타워즈〉에 열광하면서 영화는 국제적 배급망을 타고 지구촌으로 퍼져 갔습니다. 미국 문화의 상징처럼 자리 잡았지요. 〈스타워즈〉가 돈을 끌어 모으자 우주를 무대로 한 영화들이 쏟아져 나왔습니다.

잔혹한 외계 생명체, 〈에이리언〉과 그 배후

〈스타워즈〉 이후 제작된 우주 영화 가운데 외계 생명체를 주인
공으로 한 영화들이 눈길을 모았고 흥행에도 성공했습니다. 외
계 생명체를 다룬 대표적 영화를 두 편 꼽으라면 아무래도 〈에
이리언〉(1979)과 〈이티〉(1982)이겠지요. 두 영화가 그린 외계 생명
체의 모습은 정반대입니다.

　1979년에 개봉된 〈에이리언〉부터 살펴볼까요. 리들리 스콧
이 감독한 〈에이리언〉은 우주를 무대로 외계 생명체를 정면으로
다루며 SF 영화의 전환점을 마련했습니다. 외계 생명체만이 아
니라 인간의 모습을 한 인공지능까지 등장합니다.

　영화 제목인 '에이리언(Alien)'은 작품에 나오는 가공의 외계
생명체이지만 일반 명사이기도 합니다. 이방인, 외국인, 외계인
의 의미를 담고 있지요. 이티(the Extra-Terrestrial)는 말 그대로 '지
구의(terrestrial)' '바깥(extra)'에 있는 생명체입니다. 지구 밖의 존
재, 곧 외계인이지요.

영화의 상상력이 펼친 외계 생명체의 대조적 모습. 위쪽 이티의 손은 치유의 손가락, 아래쪽 에이리언의 손은 살인의 손가락을 지녔다.

영화 〈에이리언〉은 2122년 우주 개발에 한창인 시대를 배경으로 출발합니다. 민간 기업의 예인선 '노스트로모'호는 승무원 일곱 명을 태우고 2000만 톤의 광물을 실은 정제 처리 시설을 견인하여 지구로 오고 있었습니다. 1979년 제작된 영화인데 민간 우주 기업이 나타난다는 점에서 뉴 스페이스를 선구했다고 볼 수 있을까요.

그런데 지구로 돌아오는 우주선에서 메인 컴퓨터인 '마더(MU-TH-R)'가 정체를 알 수 없는 신호를 포착합니다. 한 행성의 궤도를 선회하는 위성에서 12초 간격으로 반복되었는데요. '마더'는 그 신호를 탐색하기 위해 '동면'해 있는 승무원들을 깨웁니다. 이미 그렇게 프로그램되어 있었던 거죠. 노스트로모호는 광물과 채굴 장비로부터 분리되어 위성에 착륙합니다.

우주선에서 나온 선장, 부선장, 항법사가 신호가 오는 발신지를 찾아갑니다. 동굴에 들어갔다고 생각했는데 오래전에 추락한 거대한 우주선임을 알아차립니다. 더구나 인류가 만든 우주선이 아닙니다. 그곳에서 미이라처럼 잠든 조종사를 발견하지요. 그 옆에 뚫린 구멍으로 내려간 부선장이 수천 개의 거죽에 둘러싸인 알들과 만납니다. 가까이 다가서자 거죽이 열리면서 '페이

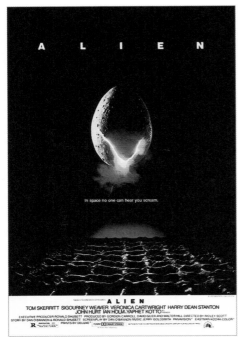

스 허거(Facehugger, 에이리언의 유충 운반책)'가 튀어나와 부선장의 헬멧을 녹이며 얼굴에 달라붙지요. 선장과 항법사는 정신을 잃은 부선장을 데리고 급히 노스트로모호로 돌아옵니다. 우주선 의무실에서 선장과 과학장교가 부선장의 얼굴에 달라붙은 괴물의 관절 부위를 잘라 내

영화 〈에이리언〉 포스터(1979).

려 하자 강산성 체액이 뿜어 나와 우주선 바닥을 뚫지요. 부선장은 겉으로 보기에 아무 문제없이 깨어나 식사를 하는데 갑자기 그의 가슴을 뚫고 괴물이 튀어나옵니다. 그때부터 점점 커지는 괴물은 선원들을 하나둘 처치합니다.

리플리는 메인 컴퓨터 마더에게 괴물을 퇴치할 방법에 대해

조언을 구합니다. 그 과정에서 회사가 이미 외계 생명체의 존재를 알았음은 물론 그것이 위험한 괴물임을 파악하고 있었다는 사실에 충격을 받습니다. 회사는 괴물을 이용해 돈을 벌기 위해 승무원들이 희생되는 한이 있더라도 지구에 데려올 계획이었지요. 그 사실을 알아채고 격분하는 리플리를 과학 장교가 공격합니다. 그는 회사의 비밀 요원이었지요. 그가 리플리를 죽이려 할 때 다행히 다른 승무원이 발견하고 머리를 내려칩니다. 그 순간 그가 인간이 아닌 안드로이드(Android, 인간의 모습을 한 로봇)라는 사실이 드러나지요. 모두 죽음을 당하지만 리플리는 끈질기게 따라붙는 괴물을 우주로 날려 버리는 데 성공합니다.

2편은 첫 편이 개봉되고 7년이 지난 1986년에 나옵니다. 전편의 유일한 생존자 리플리는 57년간 우주 공간을 떠돌다 우주 구조선에 극적으로 구출되는데요. 지구로 돌아와 괴물의 존재를 증언하지만 인간의 몸을 숙주로 삼는 외계 생명체 이야기를 아무도 믿지 않습니다. 회사는 20년 전부터 한 행성에 우주 기술자와 가족을 보내 대기를 처리해 정화하는 장치를 개발하고 있었지요. 그런데 그 행성과 연락이 두절되자 리플리를 우주 해병대와 함께 보냅니다. 도착해 보니 문제의 행성은 에이리언이

장악하고 있었지요. 이주민들은 에이리언의 새끼를 부화하기 위한 숙주가 되어 있었고요. 리플리는 에이리언과 또다시 사투를 벌입니다. 이후 나온 속편들도 비슷하게 전개되는데요.

〈에이리언〉은 전편에 걸쳐 기업이 은하계 행성들에서 채취한 광물 자원을 운반해 돈을 버는 미래를 그리고 있습니다. 눈여겨볼 지점은 에이리언이라는 외계 생명체와 함께 그 무시무시한 생명체를 이용해 부를 축적하려는 기업의 논리입니다. 웨이랜드 유타니(Weyland-Yutani)라는 기업인데요. 철저히 이윤을 추구하는 기업이지요. 회사의 늙은 회장은 영생을 위해 행성을 찾아갔다가 죽음을 맞습니다. 하지만 회장이 죽었다고 해서 이윤을 추구하는 기업의 논리가 바뀌진 않습니다. 회사는 수많은 사람의 생명을 앗아 갈 괴물을 생물 무기로 팔아 돈을 벌기 위해 지구에 가져오려고 합니다. 회사가 만든 인공지능은 자본의 명령에 철저히 복종하고요.

우주선에 탑승한 7명의 승무원 사이도 평등하지 않습니다. 맨 아래 기계실에서 일하는 두 승무원은 선장에게 "힘든 일은 우리에게 맡기고 여기 한 번도 안 내려오는 것 알고 있느냐"며 "진짜 일거리는 여기 있다"고 항의합니다. 그들은 위층에 있는 다른 승무원에 비해 월급을 절반밖에 받지 못하면서도 기계와 파이프로 가득하고 밸브를 손으로 돌려 증기를 뿜어내는 열악한 공간에서 일하고 있습니다. 그들은 우주선이 발신음을 보내는 곳으로 방향을 수정하자 자신들은 화물선 계약만 했지 구조선 계약은 하지 않았다며 거부합니다. 이어 '추가 근무 수당을 준다면 하겠다'고 나름대로 타협책을 제시하며 양보하지요. 하지만 추가 수당을 주겠다는 말 대신에 "모든 체계적인 발신음은 지능적 기원을 의미하므로 반드시 탐색해야 한다. 계약을 위반한 경우 보수를 전액 몰수한다"는 조항이 계약서에 있다는 경고를 듣게 됩니다.

우주선 중간관리자들의 강압에 결국 탐색에 동참하지만 에이리언에게 비참한 죽음을 당하고 말지요. 과학 장교 애쉬는 괴물을 "도덕에 얽매이지 않는 완벽한 생명체, 잔인하면서도 양심의 가책을 받지 않는 순수한 생명체"라고 인식합니다.

〈에이리언 2〉에서 리플리는 자신과 소녀를 숙주로 해서 괴물을 지구로 가져오려는 회사의 의도를 파악한 뒤 "괴물도 회사보다는 나을 것"이라고 분노합니다. 3편에서는 회사가 행성에 교도소를 운영하고 있는데요. 리플리는 우주선 승무원도 우주 해병대도 다 죽였는데 교도소 재소자들을 죽이지 않겠냐고 반문합니다. 인간을 괴물의 숙주로 해서라도 돈을 벌려는 기업의 논리는 1편에서 승무원들, 2편에서 우주 해병대와 이주민들, 3편에서 교도소 재소자들의 생명을 철저히 도구로 삼지요.

4편에선 인간 복제가 소개됩니다. "엄마는 괴물은 없다고 하셨다. 하지만 괴물은 존재한다"는 설명(내레이션)으로 시작되는 영화의 주인공은 복제된 리플리입니다. 본래 리플리가 죽은 뒤 200년이 흐른 시점인데요. 의학 탐사선에서 에이리언을 배양하며 여러 실험을 합니다. 회사는 군대와 계약을 맺은 수준에서 벗어나 아예 통합 군사 시스템으로 움직입니다. 미래의 군산 복합체(軍産複合體, military-industrial complex)인 셈이지요. 군산 복합체는 군부와 방위 산업 기업의 상호 의존 체제를 가리키는 말입니다. 이익을 위해 전쟁이 일어나는 것을 선호하게 된다는 사회 과학 개념입니다. 회사 경영자 비숍은 에이리언의 가치가 막대하다며 그 몸에서 새로운 합금과 백신을 얻을 수 있을 뿐만 아니라 길들이면 활용 가능성이 무궁무진하다고 주장합니다.

우주 기업인 웨이랜드 유타니가 거대한 명분을 내세우지만 그들의 신성해 보이는 임무가 본질적으로는 에이리언의 살상 행위와 다를 바 없음을 영화는 일러 줍니다.

군수 산업체의 일원인 우주 기업은 에일리리언을 '생물 병기'로 만들어 상품화하려는 집요한 욕망으로 자신이 고용한 사람들을 살해하는 일도 서슴지 않습니다. 개봉 당시 영화의 슬로건은 "In space no one can hear you scream(우주에서 당신의 비명은 누구에게도 들리지 않는다)"이었습니다.

미래 세대와의 따뜻한 소통, 〈이티〉

영화 〈에이리언〉이 담은 잔혹한 외계 생명체와 달리 그로부터 3년 뒤 개봉한 스티븐 스필버그 감독의 〈이티〉에서는 전혀 다른 존재를 담았습니다. 이티의 사랑스럽고 커다란 눈은 에이리언의 살천스럽고 섬뜩한 눈과 정반대인데요. 스필버그 감독의 제작팀이 아인슈타인의 눈과 아기의 이마를 겹쳐서 만들어 냈다는 이야기도 나돌았습니다.

온 가족이 즐길 수 있는 SF 모험 영화인데요. 미국 캘리포니아의 어느 숲속에 일군의 외계인들이 도착합니다. 그들은 식물학자로서 지구의 식물을 조사하려는 목적으로 조용히 찾아왔지요. 그런데 지구의 정부 요원들이 등장하자 노출되지 않으려고 서둘러 우주선을 타고 달아납니다. 그 과정에서 한 명이 미처 우주선에 타지 못하고 지구에 남겨지는데요.

근처에 살고 있는 열 살짜리 소년 엘리엇은 여러모로 외로운 처지였습니다. 엘리엇의 아버지가 바람을 피워 가족을 떠나면서 어머니가 홀로 삼 남매를 키우고 있었거든요. 엘리엇의 형 마이클과 그 친구들은 어린 엘리엇을 무시하기 일쑤입니다. 그날 밤에도 엘리엇은 피자 심부름을 다녀오는데 마당 창고에서 우주선을 타지 못한 외계인을 발견하고 깜짝 놀랍니다. 외계인을 봤다고 가족에게 알렸지만 어느새 사라지고 없었지요. 아무도 엘리엇의 말을 믿어 주지 않았습니다. 잠들기 전에 엘리엇은 꾀를 냅니다. 사탕을 조금씩 흘려서 외계인을 유인한 뒤 방 붙박이장에 외계인을 숨깁니다.

다음 날 아침 엘리엇은 꾀병을 부려 학교를 쉬고 외계인과 놀며 이것저것 일러 줍니다. 그날 오후 엘리엇은 형 마이클과 여동생 거티에게 외계인을 소개합니다. 남매는 어머니에게 외계인의 존재를 숨기기로 합니다. 남매가 외계인의 출신을 묻자 외계인은 창밖을 가리키고, 초능력으로 공을 공중에 띄워 자신이 태양계 밖에서 왔음을 알려 줍니다. 엘리엇이 손끝에 상처가 났을 때, 외계인은 빛이 나는 손가락을 맞대어 엘리엇의 상처를 치유해 주는 놀라운 능력을 보여 주지요.

다음 날 아이들이 학교에 간 사이 외계인은 집에서 장난감으로 놀고 텔레비전을 보며 언어를 배웁니다. 엘리엇은 학교에서 개구리 해부 실습을 하게 되는데, 외계인의 행동과 감정을 엘리엇이 똑같이 느끼는 일이 벌어지지요. 실습용 개구리에 동정심을 느껴 전부 풀어 줍니다. 외계인은 그 사이 거티와 놀면서 분장을 하고 스스로 '이티'라고 이름 짓지요. 만화 속 주인공이 우주에서 연락을 하는 장면을 본 이티는 엘리엇에게 자신도 전화를 해야 한다고 부탁합니다. 마이클은 이티의 건강이 안 좋아지고 있으며, 엘리엇이 이티와 점점 일심동체가 되어 가는 모습을 지켜봅니다.

남매는 할로윈 파티를 틈타 이티를 분장시켜 밖으로 나갑니다. 엘리엇이 직접 자전거로 이티와 함께 우주선이 내려온 숲속으로 가지요. 잡동사니들로 얽어 만든 통신기가 성공적으로 작동합니다. 하지만 정부에서 나온 요원들에게 사로잡힙니다. 그들은 이티를 관찰과 실험의 대상으로 여깁니다. 죽어 가는 이티로부터 우주선이 그를 찾으러 돌아왔다는 사실을 안 엘리엇은 마이클의 도움을 구해 이티를 탈출시킵니다. 친구들의 도움으로 정부 요원과 경찰의 추적에서 벗어납니다.

숲속에선 이미 이티의 동료들이 우주선을 타고 와서 기다리고 있었지요. 이티는 남매에게 작별 인사를 합니다. 거티는 이티

영화 〈이티〉 포스터(1982).

에게 화분을 선물로 주지요. 이티는 엘리엇을 안아 주고는 화분
을 들고 우주선에 올라탄 뒤 떠나지요.

1980년대 초 어린 시절을 보낸 세대에게 '이티'는 단순한 영
화 속 주인공이 아니었습니다. 떠나던 날, 이티는 언제나 "네 곁
에 있을게(I'll be right here)"라고 약속하거든요. 외계로부터 온 과

학자임에도 어린이와 비슷한 작은 키에 귀여운 얼굴을 지닌 모습은 당시 어린이들 사이에서 폭발적인 인기를 얻었습니다. 지구의 침입자로서 위험스러운 존재 또는 야만적인 괴물로 나타났던 기존의 외계인 이미지에서 완전히 벗어나 순하고 지혜로우며 친밀한 모습으로 등장했습니다.

영화 비평가들은 '이티'가 당시 미국 사회의 정서적 정황을 대변한다고 분석합니다. 아침 일찍 출근하고 밤늦게 퇴근하는 아버지는 아이들에게 늘 없는 존재입니다. 더구나 미국 사회의 높은 이혼율이 암시하듯이 가족애의 근본적인 구조가 흔들리는 상황에서 아이들은 자신에게 애정과 보호를 베풀어 줄 수 있는 존재를 갈망한다는 거죠. 이때 이티는 본래 아버지가 상징하던 모습, 아이들에게 아낌없는 사랑을 베풀고 늘 같이 있어 주는 상상적 존재로서 환영받았다는 것입니다.

외계인과의 접촉을 좀 더 과학적으로 접근한 대표적 영화로는 〈콘택트〉(1997)가 있습니다. 우주과학자 칼 세이건의 소설을 영화화한 작품인데요. 우주에 관심이 많은 소녀 앨리가 주인공으로 등장합니다. 앨리는 자신이 찾고자 하는 절대적인 진리의 해답은 과학에 있다고 믿고 우주과학자가 됩니다. '이 거대한 우주에 우리만 존재한다는 것은 공간의 낭비다'라는 믿음으로, 외계 생명체 탐색에 몰입하는데요. 그의 탐구에 경제적 이익이 없다는 판단으로 정부는 재정적 지원을 끊습니다. 하지만 그 순간 베가성으로부터 정체 모를 메시지를 수신 받지요.

마침내 베가성이 보낸 설계도에 따라 만든 발사 장치를 타고 외계로 갑니다. 거기서 죽은 아버지의 형상을 한 외계인과 이야기를 나누는데요. 외계인은 앨리를 위해 일부러 아버지의 형상으로 나타났고 주변 환경도 어린 시절 앨리가 상상하던 아름다운 풍경으로 설정했습니다. 그는 앨리에게 자기들도 예전에 비슷한 접촉(콘택트)을 받아 발전했다며 서둘지 말고 조금씩 나아가자고 말합니다. 깊은 감동으로 지구에 돌아왔지만 아무도 믿지 않지요. 엘리는 좌절하지 않고 천문대를 방문하는 미래 세대들에게 과학을 가르치면서 다시 올 외계인과의 접촉을 기다립니다.

언젠가 인류가 외계 생명체와 만날 것이고 그들은 더 발전된 문명으로 따뜻하게 우리와 소통하리라는 원작자 칼 세이건의 따뜻한 희망을 담고 있습니다. 오락성이 옅은 SF 영화이기에 앞서 소개한 영화들보다 관객은 적었지만 두 영화 못지않게 우주 탐사의 상상력을 높여 준 영화입니다.

SF 영화에 녹아든 동아시아의 지혜

영화 〈스타워즈〉의 성공 배경에는 미국 서부극이 있다고 흔히 분석합니다. 실제로 황량한 무법천지가 영화에서 자주 배경으로 나타납니다. 주인공 루크가 고아로 자란 행성 타투인부터 사막이 나오지요. 더구나 서부극의 가장 흔한 주제가 영웅주의적 복수잖습니까. 〈스타워즈〉에서도 루크가 오비완을 따라 제다이 기사단에 합류하는 결정적 계기가 복수입니다. 양부모와 집, 농장을 모두 불태운 제국의 군대에 복수를 다짐하거든요. 서부 영화의 전형인 카우보이 총잡이 모습도 나오지요. 〈스타워즈〉또 다른 주인공 솔로는 독립적이고 내키는 대로 총을 쏘는 우주의 카우보이입니다. 알다시피 미국이 우주 탐사와 개발에 나선 모습은 아메리카 대륙의 서부를 '개척'하는 서부극과 이어집니다. 화성을 개척하자거나 식민지로 삼자는 뉴 스페이스 기업들의 주장도 그 연장선에 있지요.

하지만 〈스타워즈〉의 성공 요인을 서부극의 영향을 받은 데서만 찾을 수 있는 것은 아닙니다. 영화 전편에 걸쳐 당시 미국에서는 낯설었던 동양의 지혜가 녹아들어 있거든요. 다름 아닌 '제다이'가 그렇습니다.

제다이는 중세 기사도나 기독교 십자군과는 다른 모습을 보입니다. 가령 제다이의 강령을 볼까요. "마음의 동요가 없다면, 그곳에 평화가 있다"거나 "무지함이 없다면, 그곳에 깨우침이 있다" 또는 "격정이 없다면, 그곳에 고요함이 있다"에서 우리는 동양의 지혜를 발견할 수 있습니다. 제다이들은 또 '광선검' 하나만 들고 다니는데요. 자신의 힘을 함부로 쓰지 않으려는 수행이거든요.

거기서 그치지 않습니다. 영화 대사에도 나오듯이 "포스는 제다이의 힘의 원천이란다. 살아 있는 모든 것들이 만드는 에너지 장이지. 우리를 휘감고, 관통하며, 이 은하를 하나로 묶어주는 힘이란다"라는 대사에서 동양의 기(氣) 사상을 읽을 수 있습니다.

제다이는 살생도 최대한 자제합니다. 대부분 상대의 손목이나 다리처럼 치명상을 입힐 확률이 적은 곳을 공격합니다. 어쩔 수 없을 때 살생도 하지만 그때 감정에 휘둘리면 어둠의 세력에 빠질 수 있다고 스스로 경계합니다. 미친 듯이 권력을 추구하는 악의 집단인 시스와는 전혀 다릅니다. 정치적 권력에 전혀 욕심이 없지요.

하지만 은하계의 평화를 위해 적극 활동하며 싸울 때는 용감하게 나섭니다. 단순한 무사가 아니라 수행자로 지혜롭지요. 감독은 일본 사무라이나 중국의 도교에서 영감을 얻었겠지만 사실 제다이의 생활 자세는 신라의 화랑도나 그 세속 오계에 영향을 끼친 고구려의 무사도와 비슷합니다. 제다이의 강령에 적잖은 서양인들이 끌렸다고 하는데요. 은하계에서 일어난 전쟁을 다룬 SF 영화에 동아시아의 지혜를 버무려 섞어 성공한 사실은 짚어 볼 만합니다.

'최악의 나쁜 기업' 1위는
뉴 스페이스 기업?

영화 속에 나오는 최악의 기업은 어디일까요. 미국의 대표적 시사 주간지 〈타임〉이 '사악한 기업(Evil Corporation) 10개를 꼽아 소개했는데요 (2012년 7월). 당당히 1위를 차지한 나쁜 기업이 영화 〈에이리언〉에 나오는 웨이랜드 유타니입니다. 바로 뉴 스페이스 기업이지요.

미래 시대에 우주를 개척하는 산업체 웨이랜드 유타니는 '우주를 지배하고 있다'는 말이 나올 정도로 정계와 재계는 물론 군대에도 강력한 영향력을 지닌 초거대 기업입니다. 우주선 건조는 물론 화물 운송, 안드로이드 제조, 방위 산업까지 다양한 분야에서 사업을 하는 군산 복합체입니다. 그래서 미국이 '개척'한 우주 식민지의 미군 해병대에게도 엄청난 지원금을 줍니다. 그러다 보니 미군의 자부심이라 할 해병대의 지휘부도 웨이랜드 유타니의 요청을 최대한 들어 주지요. 기업 이름 그대로 '웨이랜드'와 '유타니' 두 회사가 합병했는데 후자는 일본 자본입니다.

눈여겨볼 대목은 웨이랜드 유타니 회사가 내건 슬로건입니다. 다름 아닌 "Building Better Worlds"를 회사 로고에 부각하고 있는데요. "더 좋은 세상 만들기"이지요. 그런 훌륭한 슬로건을 지닌 회사가 어떻게 '가장 나쁜 기업'으로 꼽혔을까요.

영화 1편에서 회사가 안드로이드에게 건넨 '비밀 명령'이 단숨에 일러 줍니다. "최우선 사항: 분석을 위해 생명체를 확보하여 귀환할 것. 그 외 모든 사항은 부차적임. 승무원의 희생도 무방함." 자신이 고용한 노동인들을 죽이더라도 돈을 더 많이 벌겠다는 노골적인 기업 모습이지요. 그뿐이 아닙니다. 외계 생명체를 확보하기 위해 주민들이 떼죽음을 당해도 전혀 개의치 않습니다. 노동인들과 주민들의 죽음도 개의치 않는 그 회사의 최고 경영자는 정작 불멸을 꿈꿉니다.

자칫 놓치기 쉽지만 〈에이리언〉 시리즈를 한마디로 간추리면 '우주 산업체가 고용한 여성이 외계 생명체와 싸우는 이야기'입니다. 뉴 스페이스 기업이 웨이랜드 유타니처럼 사악한 기업이 되지 않도록 경계해야겠지요.

4

우주군의 등장과 패권 경쟁

지구인이 외계를 식민지로 개척한다면

우주 시대가 열리고 있다는 진단은 국어사전에 '우주군(space forces)'이라는 말이 이미 등재된 사실에서도 확인할 수 있습니다. 사전은 "우주 공간에서 전투를 하는 군대"라고 풀이합니다. 딴은 '우주군'이 현대인에게 낯선 말은 아닙니다. 이미 영화를 비롯한 여러 미디어를 통해 우주 공간에서 전투하는 군대의 모습은 우리 눈에 익숙합니다.

인간과 외계 생명체 사이에 전쟁이 일어난다는 상상력은 오래전부터 영화의 주요 소재가 되었습니다. 인류사를 톺아 보면 문학적·영화적 상상력이 현실로 구현된 사례가 많습니다. 기차, 기선, 전화, 비행기, 컴퓨터, 로봇, 인공 지능이 그렇지요. 실제로 우주군을 편성한 나라들이 늘어나고 있습니다.

21세기 들어 우주 공간에서 지구인과 외계 생명체 사이에 일어나는 전쟁을 담은 영화가 세계 영화사상 가장 많은 사람들이 찾은 흥행 1, 2위를 기록했습니다. 그만큼 우주에 대한 관심이

보편화했다고 볼 수 있겠지요. 바로 〈아바타〉와 〈어벤져스〉(2012)
입니다.

그런데 두 영화가 우주 공간의 전투를 담은 방식은 대조적일
만큼 차이가 큽니다. 〈아바타〉는 지구군이 다른 행성을 침략하
고, 〈어벤져스〉는 그와 반대로 외계에서 지구를 침략합니다.

먼저 〈아바타〉부터 짚어 보죠. 제임스 카메론 감독이 2009년
에 1편을, 2022년에 속편을 내놓았는데요. 각각 수조 원에 이르
는 매출액을 올렸습니다. 문화 산업으로 크게 성공한 셈이죠.

영화 첫 편의 시간적 배경은 2150년 무렵입니다. 지구는 에
너지가 모두 고갈되어 행성 '판도라'에서 새로운 자원을 얻으러
갑니다. 그곳은 지구와 달리 독가스가 있고 선주민으로 외계인
'나비족'이 살고 있습니다. 고심 끝에 판도라의 토착민인 나비족
의 외형에 인간의 의식을 주입해 원격 조종하는 '아바타 프로그
램'을 개발합니다. 아바타는 본디 인도 신화와 힌두 사상에 나오
는 말인데요. '신이 세상에 내려올 때 나타나는 여러 가지 모습'
을 이르는 말입니다. 지금은 '가상 현실에서 자신의 역할을 대신
하는 캐릭터'를 뜻하지요.

영화의 주인공은 허리 아래가 마비된 전직 해병대원 제이크

영화 〈아바타〉의 나비족 여전사 네이티리.

미래 세대를 위한 우주 시대 이야기

설리입니다. 아바타 프로그램 참가를 제안받고 판도라로 가지요. 그곳에서 자신의 아바타를 통해 자유롭게 걸을 수 있게 됩니다. 제이크는 아바타로 나비족에 침투하라는 임무를 부여받습니다. 나비족은 커다란 나무를 신처럼 섬기고 동물들과 깊은 교감을 나누며 숲을 파괴하려는 세력에 맞서고 있었지요. 제이크는 임무를 수행하다가 나비족의 여전사 네이티리를 만나 그녀와 함께 다채로운 모험을 경험하는데요. 네이티리를 사랑하게 된 제이크는 나비족과 하나가 되어 갑니다.

2022년의 속편은 '물의 길(The Way of Water)'이라는 부제가 달렸습니다. 판도라 행성에서 제이크와 네이티리는 가족을 이루어 행복하게 살고 있지만 다시 무자비한 위협에 직면합니다. 가족이 살아남기 위해 떠나는 여정과 싸움 이야기를 그렸습니다.

카메론이 〈에이리언 2〉를 제작한 감독이어서일까요. 〈아바타〉에서도 희귀한 자원이 묻혀 있는 판도라 행성에 침입하는 우주 기업—바로 '뉴 스페이스'—에 대한 비판적 시선이 나타납니다.

카메론은 상업적으로 성공하는 대중 영화를 잘 만드는 감독이지만 문제의식을 담은 영화가 적잖습니다. 〈아바타〉 개봉 전까지 세계적으로 가장 큰 흥행을 기록한 영화 〈타이타닉〉도 카메론의 작품인데요. 1997년에 나온 그 영화는 실제로 1912년 타이타닉호가 북대서양에서 침몰한 사건을 배경으로 한 멜로드라마이지만 근대 문명에 대한 무한한 믿음이 침몰하는 의미가 담겨 있습니다. 그는 또 영화에 남성에게 순종하는 가녀린 여성을 그리지 않습니다. 남성보다 더 남성 같은 투사 이미지의 여성이 곧잘 등장하지요.

백인이 선주민과 사랑하는 주제는 〈아바타〉 이전에도 있었습니다. 〈늑대와 춤을〉(1990)이나 〈포카혼타스〉(1995)를 떠올릴 수 있겠지요. 〈아바타〉는 거기서 더 나아가 자연과 인간이 하나가 되어 살아가는 공동체를 형상화합니다. 그들에게 자연은 지배의 대상이 아니라 공존의 대상, 더 나아가 경외의 대상입니다. 나비족은 자연의 각 구성원에게 모두 정령이 있다고 생각하거든요. 서로 존중할 수밖에요. 먹이를 위해 사냥을 하더라도 반드시 필요한 만큼만 하며, 동물을 죽일 때 진정으로 미안한 마음으로 최대한 아픔을 적게 합니다. 감사히 여기지요. 이크란 위에 올라타 날아갈 때도 소통을 중시합니다. 나비족이 지닌 긴 꼬리와 이크란의 꼬리를 통해 서로 공감대를 이룹니다. 그 소통과 공감이 없으면 이크란 위에 올라탈 수 없어요. 함께 날아오를 수 없는 거죠. 나비족이 모두 모여 영혼의 나무 앞에서 자연과 소통하는 모습은 장엄합니다.

물질을 우선해서 자연을 함부로 파괴하는 인간의 시각으로는 도저히 이해할 수 없는 신성한 공동체가 영화에 생생하게 그려집니다. 반면에 지구인들은 나비족이 거룩하게 여기는 나무와 숲을 파괴합니다.

우주 개발에 나선 인류가 자신의 이익을 위해 다른 외계인들의 삶을 파괴하는 모습, 지구인이 외계를 식민지로 개척하는 장면에서 누구나 영화를 만든 미국의 과거를 떠올릴 것입니다. '서부 개척'이라는 이름 아래 아메리카 대륙에서 조상 대대로 살아온 선주민(그들이 '인디언'으로 부른 사람들)을 학살하고 조상 대대로 살아온 땅을 빼앗았지요. 비단 미국만은 아닙니다. 자본주의 문명이 생산한 무기를 들고 아프리카와 아메리카, 아시아를 침략해 부를 축적한 유럽의 제국주의와 그들을 재빠르게 모방한 일본 제국주의는 숱한 생명을 앗아갔습니다.

우주에서 평화롭고 아름답게 살아가는 외계인들을 학살하는 지구 군대의 모습을 담은 〈아바타〉의 상상력은 흥미롭습니

미국 선주민을 추격하는 미 육군 기병대의 모습. 석판화(1876).

다. 만일 인류가 외계인의 문화를 전혀 존중하지 않고 자신들의 이익에만 몰두해 폭력으로 파괴한다면 어떨까요. 우주로 간 지구의 군대, 우주군은 나비족이 미개한 야만족이라고 여기지만 영화 〈아바타〉는 그렇지 않다는 진실을 그립니다.

나비족은 우주에서 온 지구군을 보며 말하죠. "우리는 다른 지구 사람들을 가르치려 노력했어. 이미 가득 찬 잔을 채우려 하기란 어려운 일이지." 지구인들은 탐욕으로 가득 차 있어서 배우려 하지 않는다는 거죠. 결국 영화 1편 결말에서 주인공은 인간의 몸을 망설임 없이 버립니다. 외계인 나비족으로 다시 태어납니다. 지구인들의 탐욕적 생활 방식을 고발하는 뜻깊은 영화이지요.

다만 아쉬움 또는 불편함도 있습니다. 서양 중심의 세계관을 벗어났다고 하지만 백인 중심주의가 여전히 깔려 있거든요. 서양 백인 남성이 바라본 유색인들은 미개하거나 이상한 영감을 주는 대상에 그친다고 하지요. 그들을 구원해 줄 사람은 백인입니다. 〈아바타〉도 그 범주를 벗어나지 않습니다. 영화에서 나비족은 제이크라는 주인공 백인의 인생이 성공하는 배경으로 나타납니다. 〈아바타〉에서 군사 작전을 총지휘하는 마일즈 쿼리치

대령은 나비족을 '벌레'로, 주둔지의 책임자는 '파란 원숭이'로 부릅니다. 그런데 나비족은 지구인을 '하늘 사람(Sky people)'이라고 부르는데요. 우주에서 날아왔다는 의미를 담았지만 서로를 바라보는 시각 차이가 너무 큽니다.

우주선을 타고 지구에서 온 '우주군'이 자신들의 공동체를 유린하고 학살하는데도 나비족만의 힘으로 그에 맞서지 못합니다. 백인인 제이크의 도움을 받고 나서야 물리치거든요. 물론 과거 백인들의 제국주의적 침략을 당연하고 자연스럽게 그린 영화보다는 나아졌습니다. 다만 반쪽만 나아진 거죠. 침략을 받은 사람들 스스로 주체로 일어서지 못합니다. 비유하자면 제국주의 침략을 받은 부족(또는 민족)이 백인의 도움을 받아 맞설 뿐만 아니라 가장 아름다운 부족의 여성이 그 백인과 사랑을 나누는 방식인 거죠. 우주를 상상할 때 미국과 유럽 국가들의 관점을 온전히 벗어난 새로운 상상력이 필요한 까닭입니다.

행성에서 채굴하려는 거대 기업의 임원과 주요 주주들에 대한 비판적 시각은 얼마든지 평가할 수 있습니다. 하지만 나비족의 지구인에 대한 투쟁이 어머니 자연으로 표상되는 신성한 나무를 지키는 투쟁으로 환원되거나, 그 나무가 결국 인간을 물리치는 데 나서는 모습은 아쉬움이 남습니다.

인류의 원시 사회를 순수하고 아름다웠던 시절로만 낭만화하는 관점이 우주를 바라보는 상상력에 그대로 재현되고 있는 것은 아닐까요. 우주 시대를 맞은 우리가 그런 관점을 따르기만 하면, 과연 조화로운 삶을 살 수 있을까요? 그런 물음을 염두에 두며 〈아바타〉를 다시 감상하면 새로운 상상력이 꿈틀댈 수 있습니다. 비생산적 공상이 아닙니다. 우주 기업들이 화성에 식민지를 개척하겠다는 말을 공공연히 목표로 내거는 시대를 맞고 있잖습니까. 우주 시대를 평화롭고 창의적으로 열어 가려면 더 깊은 성찰과 더 진중한 접근이 필요하겠지요.

외계의 침략에서 지구를 지켜야 할 때

지구가 외계의 침략으로 위기를 맞았을 때 어떻게 싸워야 할까요. 우주 시대를 맞아 언젠가 일어날지 모르는 상황을 그린 영화가 〈어벤져스〉입니다. 2012년 1편이 나오고 2019년 마지막 편이 나왔는데요. 세계 역대 영화 흥행 순위(2023년 기준) 10위 안에 '어벤져스 시리즈'가 세 편이나 들어갈 정도로 지구촌의 관심을 모았지요.

마블 코믹스(Marvel Comics)사에서 출간된 같은 제목의 만화가 원작인데요. 마블 코믹스는 DC 코믹스(Detective Comics)와 미국 만화 시장의 80퍼센트를 점유한 엔터테인먼트 회사로 2009년 디즈니가 인수했습니다. 마블 작품의 90퍼센트 이상이 '슈퍼히어로'입니다. 캡틴 아메리카, 아이언맨, 헐크, 스파이더맨, 토르 등입니다. 경쟁사인 DC 코믹스도 슈퍼히어로에 집착하는데요. 바로 슈퍼맨, 배트맨, 원더우먼입니다. 여기서 볼 수 있듯이 DC 코믹스의 영웅들은 아무런 결점이 없이 초능력을 지니고

영화 〈어벤져스〉에서 미국 국기인 성조기 문양의 옷을 입은 캡틴 아메리카.

있지요. 그에 반해 마블의 슈퍼히어로들은 대부분 결점을 지니고 있습니다. 인간적이랄까요. 이야기 전개를 중시하는 DC 코믹스와 달리 마블 코믹스는 슈퍼히어로들의 가볍고 유쾌한 언행을 부각합니다.

2012년에 첫 선을 보인 〈어벤져스〉에서 캡틴 아메리카, 아이언맨, 헐크, 토르 등의 슈퍼히어로들은 '쉴드(Strategic Homeland Intervention, Enforcement and Logistics Division의 줄임말)'의 책임자인 닉 퓨리 국장의 주도 아래 한 팀을 이룹니다. 지구를 침략하고 정복하려는 로키와 치타우리 종족으로부터 지구를 지켜내는 이야기인데요. 쉴드는 미국 정부가 관리하는 비밀 첩보 공작 조직입니다.

로키는 치타우리족 군대가 지구로 올 수 있도록 지구와 그들의 행성을 이어 주는 '포탈(portal)'을 만드는 데 필요한 물질을 얻기 위해 독일에 나타나는데요. 광장으로 내몰린 독일 시민들에게 무릎을 꿇으라고 소리칩니다. 독재자 아돌프 히틀러의 압제 아래 놓였던 독일인들을 비유한 거죠. 캡틴 아메리카가 본디 제2차 세계대전에 참전했거든요.

영화는 독일인을 독재자로부터 구하는 슈퍼히어로가 미국의 전쟁 영웅이듯이 우주에서 외계 침략자로부터 지구를 지키는 영웅도 미국인임을 부각합니다. 무엇보다 캡틴 아메리카가 입은 복장을 보면 누구나 미국의 국기인 성조기를 떠올릴 수밖에 없습니다.

미국 영화에는 미국인 특유의 선민의식과 소명의식을 담은 영화가 많습니다. 비평가들은 미국 영화가 악을 언제나 외부 세력으로 돌리고 적을 없애거나 항복을 받아 내야 할 원수로 형상화한다고 지적합니다. 그런 특징은 실제 미국 역사에서 발견할 수 있습니다. 아메리카 대륙에 상륙한 백인들은 선주민을 '사탄의 자식들'로 여겼지요. 독립 전쟁 시기에는 영국 왕과 군대를, 제2차 세계대전에선 히틀러와 나치를, 냉전 시대에는 소련을, 이어 미국에 비판적인 아랍 국가나 아랍인을 혐오하고 차별합니다. 중국도 그 대상에 오르고 있지요. 그런 과정에서 자신들의 잘못은 넘어갑니다. 그들이 아메리카 선주민들과 흑인 노예들에게 고통을 주었던 과거는 히틀러의 대량 학살로 덮어집니다. 히틀러와 싸운 이미지를 통해 미국은 '좋은 나라'임을 은연중에 전파합니다.

〈어벤져스〉도 마찬가지입니다. 과거 세계대전의 나치나 냉전 시대의 소련을 소환하는 것은 세계화 시대라는 지금의 상황에선 너무 동떨어져 보이거든요. 그래서 외계에 존재하는 치타우리 종족과 그들을 이끌고 있는 외계인 '타노스(Thanos)'를 악의 축으로 상정합니다. 이를 통해 미국의 정통성을 대변하는 주요 인물과 나름의 다양성을 지닌 구성원들이 미국의 영웅이자 세계화에 걸맞는 영웅으로 등장합니다.

영화에 흥미로운 외계 존재가 나오지요. '우주에서 가장 강력한 존재' 또는 '미친 타이탄(거인)'으로 불리는 타노스입니다.

'어둠의 군주'로서 '인피니티 스톤'을 노립니다. "우주의 여명기에는 아무것도 없었으나, 이윽고 대폭발이 있었고 여섯 개의 원소 결정이 응축되어 갓 태어난 우주를 따라 흩어졌다"며 그 인피니티 스톤들이 "각각 우주의 본질을 관장"한다고 설명합니다. 여섯 개의 돌은 "공간, 시간, 현실, 힘, 영혼, 정신"입니다. 현대 우주 과학의 우주 대폭발(빅뱅) 이론을 나름대로 반영한 셈인데요. 물론 인피니티 스톤이나 타노스는 모두 영화 속의 상상일 뿐입니다.

눈여겨볼 대목은 타노스의 의도입니다. 그는 자신이 우주를 구한다고 믿는데요. 그 논리와 방법은 지극히 단순합니다. 그는 우주가 이대로 가면 모두 자원 고갈로 인해 멸종한다면서 절반을 죽이는 방법을 제시합니다. 나름대로 그의 경험에서 비롯한 것으로 설명하는데요. 타이탄 행성에서 태어난 그는 흉측한 외모 때문에 차별당하며 살았습니다. 행성 자원의 완전한 고갈이 얼마 남지 않았다는 사실을 알게 되자 동족들에게 자기 나름대로 행성을 구원할 수 있는 방안을 내놓았습니다. 타이탄들은 그렇지 않아도 기형이라서 비호감이던 그의 극단적인 주장을 받아들이지 않았지요. 결국엔 타노스의 예견처럼 타이탄 종족은 자원 고갈로 멸망했습니다. 참극을 직접 겪게 된 타노스는 다른 종족들은 비참한 최후를 피할 수 있도록 자신이 집행자가 되기로 결심했고 인피니티 스톤을 통해 자신의 목적을 궁극적으로 완수할 수 있다고 생각했기에 하나씩 모은 거죠.

영화에서 타노스는 우주를 잡초가 가득 찬 정원으로, 인구 절반을 죽이는 행위를 '정원의 잡초를 다듬는 행위'로 여겨요. 그에게 우주 인구의 절반을 소멸시키는 과업은 자신만이 할 수 있고 또 해야 할 소명입니다. 그 과정에서 피해자들의 고통과 슬픔, 분노와 갈등이 일어나겠지만 궁극적으로는 우주의 모든 이들에게 이득이 되는 것이라고 확신하지요.

영화 속 타노스의 주장은 영국 경제학자 토머스 맬서스의 논리를 떠올리게 합니다. 맬서스는 1798년 발표한 『인구론』에서 '인구는 기하급수적으로 늘어나는데 식량은 산술급수적으로 늘어나 결국 식량 위기를 맞게 된다'고 경고했습니다. 자본주의 초기 단계였던 당시 빈곤층과 사회적 불평등 개선을 위해 공교육 강화와 소득 분배가 필요하다는 주장이 나왔거든요. 맬서스는 그런 개혁 조치들을 비판하기 위해 책을 쓴 거죠. 인구가 식량 생산보다 훨씬 빠르게 늘어나고 있으므로 자신의 능력을 벗어나 많은 자녀를 갖는 빈곤층은 사회악이라고 주장했습니다. 심지어 빈곤층은 적당히 굶주림과 전염병에 시달려 인구 조절 기능을 해야 한다고 강조했지요. 바로 타노스의 주장과 같은 논리입니다.

맬서스의 주장은 19세기 보수 세력에게 환호를 받았지만, 21세기에 영화 속의 타노스는 악으로 그려집니다. 맬서스가 살던 시대와 달리 21세기는 민주주의가 성장했으니까요. 다만 지금도 빈부 차이를 줄이고 평등한 세상을 이루려는 사람들이 있고, 여전히 사회 복지는 게으름을 낳는다고 반대하는 사람들이 있습니다.

광대한 우주를 무대로 제작된 영화 〈어벤져스〉는 우주 시대에 우리가 어떤 가치를 중시해야 옳은가를 성찰하게 해 줍니다. 다만 두 가지 또렷한 한계도 보입니다.

첫째, 미국이 이민자들의 나라이기에 다른 인종도 적절히 배치하는 모습도 보이지만 우주로부터 지구를 지키는 두 사람을 꼽자면 미군 출신의 캡틴 아메리카와 아이언맨입니다. 아이언맨은 영화에서 세계 최고의 군수 산업체 '스타크 인더스트리'를 이끄는 CEO로 화려하게 살아가는 억만장자이지요. 뉴 스페이스 우주 기업인을 영웅화하려는 의도도 보입니다. 실제로 테슬라의 머스크가 〈아이언맨〉 2편에서 카메오로 출연했습니다.

둘째, 지구가 외계의 침략으로 위기를 맞았는데 그 해결에 평범한 사람들은 전혀 나서지 않습니다. 몇몇 영웅들이 나서서 위기를 극복하지요. 하지만 실제 역사에서 확인할 수 있듯이 민중이 힘을 모을 때 세상은 더 나아졌습니다. 다름 아닌 민주주의가 그렇지요. 비현실적인 초능력을 지닌 슈퍼히어로로 몇 명이 외계 침략을 무찌르는 모습은 자칫 역사 발전에 대한 현대인의 인식을 왜곡시킬 수 있습니다. 우주 시대가 열려도 민주주의는 인류가 추구해야 할 중요한 가치이기에 더욱 그렇습니다.

'우주군' 이름으로 지구인끼리 싸운다면

SF 영화에서 등장하는 우주군의 전형은 인류가 외계의 침략에 맞서 싸우는 군대입니다. 정복 전쟁이나 생존권 싸움에 자주 등장하지요. '우주군'이라는 영화의 상상력은 이미 현실이 되었는데요. 미국이 트럼프 정부 때인 2019년에 우주군(US Space Force)을 창설했습니다. 우주를 방어하기 위한 독자적인 군 조직으로 군사 우주 전문가를 개발하고 우주 패권을 위한 군사 교리를 완성하며 우주군을 조직하는 역할을 수행한다고 공언했지요. 우주군의 장성은 장군이 아닌 제독으로 부릅니다.

그런데 어딘가 이상합니다. SF 영화의 '우주군' 성격과 실제 우주군의 모습이 사뭇 다릅니다. 여러 나라가 각각 우주군을 세우고 있거든요. 아직 인류가 통합 정부를 세우지 못했기에 일어나는 현상으로 이해할 수 있지요.

문제는 거기서 그치지 않습니다. 2020년 9월 우주군이 처음 파병되었는데요. 다름 아닌 중동 지역이었어요. 중동에 외계인이 나타나기라도 한 걸까요. 전혀 아니지요.

심지어 대한민국에도 미국의 우주군이 배치되어 있습니다. 현재 한반도에 주둔하고 있는 우주군은 항공, 우주, 사이버 작전을

2022년 12월 14일 창설된 주한 미군 우주군 부대 마크.

관할하는 오산 공군기지 안에 있습니다. 우주군이 이름과 달리 위성을 비롯한 우주 항공 기술을 이용하는 군대가 된 거죠. 외계의 침략으로부터 지구를 지키는 우주군이 아니라 각각 자국의 군사력을 높이는 전략 부대입니다. 지구인끼리 서로 싸울 때를 대비한 '첨단 부대'라 할 수 있지요.

더욱이 우주군 창설은 '군사 안보' 차원에 머물지 않습니다. 미국 우주군에게 더 중요한 목표는 21세기 첨단 기술이 집약된 우주 산업 분야에서 자국의 영향력을 유지하고 경쟁력을 강화

하는 것입니다. 미국은 우주군과 함께 국가적 차원에서 '국가 우주 위원회(NSC)'도 새롭게 구성했지요. 미국의 장기 우주 개발 목표를 논의하고 우주 개발과 관련한 모든 기관을 통합해 혁신을 이끌어 내는 기관입니다. 뉴 스페이스에 걸맞게 우주의 상업화와 관련한 규제를 단순화하는 것은 물론 국가 안보 분야에서 민간과 정부의 협력을 확대하는 데도 힘을 쏟고 있습니다.

중국도 2015년에 로켓 부대를 독자적인 전략군으로 승격시켰습니다. 아울러 2025년까지 중국을 최고의 우주 기술 선진국으로 만들겠다며 '우주 굴기(崛起)'를 다짐하고 있습니다. 이미 2022년에 독자적으로 우주 정거장을 완공한 중국은 2023년 5월에 유인 우주선을 우주 정거장으로 보냈습니다. 세 명의 우주인들이 정거장에서 다양한 과학 실험을 진행하고 있습니다.

사실 중국이 독자적인 우주 정거장을 보유한 데는 그럴 만한 이유가 있습니다. 1992년 미국을 포함한 러시아, 캐나다, 영국, 일본 등 16개국이 국제 우주 정거장 프로젝트에 참여했지만 중국은 기술 유출 등의 이유로 배제됐거든요. 중국은 자신들의 우주 정거장에 '톈궁'이라는 이름을 붙였는데요. 고전 문학 『서유기』의 손오공이 '천상의 궁궐(天宮)'에 올라가 소란을 피운 고사에서 따온 이름이지요.

중국의 다음 목표는 '달 착륙'입니다. 중국은 우주 정거장을 통해 달까지의 우주 비행은 물론 달 표면에서 생활하는 데 필요한 생존 기술을 확보한 뒤 2025년부터 본격적으로 달에 진출할 계획입니다.

미국은 2024년 여성 우주인을 최초로 달에 보내는 '아르테미스 프로젝트'를 추진 중인데요. 이에 맞서 중국과 러시아는 함께 손잡고 2035년 달에 우주 연구 기지를 건설하는 계획에 합의했습니다. 현재 우주 산업 투자에 가장 적극적인 두 나라는 단연 미국과 중국입니다. 전통적인 초강대국인 미국과 신흥 강대국인 중국의 '패권 전쟁'이 우주에서도 고스란히 재현되는 셈입니다. 일본도 2030년까지 달에 유인 착륙기를 보낼 준비를 하고 있지요. 유럽 국가들은 유럽우주국(ESA)을 주축으로 달 궤도에 인공위성을 띄워 통신 시스템을 갖추고 네트워크를 제공하는 '달빛(Moonlight) 구상'을 추진 중입니다. 우주 산업의 경제성이 점점 더 입증되면서 여러 나라가 정부 차원에서 우주 개발에 적극적으로 뛰어들고 있는 거죠.

사실 1950년대와 1960년대에 우주 개발이 급속하게 발전한 배경에는 미국과 소련의 경쟁 구도가 자리 잡고 있었습니다. 그때도 우주 개발은 군사적 패권 경쟁과 맞닿아 있었지요. 1957년 2월에 소련의 우주과학자들이 '대륙 간 탄도 미사일(ICBM)' 발사에 성공했거든요. 미사일은 그 원리가 로켓과 완전히 같습니다. 2020년대인 지금도 우주 개발과 군사력은 비례합니다.

우주 패권 경쟁의 배경에는 경제가 자리 잡고 있습니다. 달과 지구 궤도에서 패권 다툼이 벌어지고 있는 까닭도 달에 있는 헬륨3와 희토류 같은 희귀 광물이 지닌 미래의 경제적 가치 때문입니다. 자원 확보를 위해 우주에서 자칫 무력 충돌이 일어날 수 있다는 우려가 나오는 것도 같은 맥락인데요. 바로 그래서 여러 나라가 우주군을 창설하거나 추진하고 있는 거죠.

우주가 미국과 중국의 패권이 격돌하는 싸움터가 된다면 그 피해는 고스란히 지구에서 살아가는 80억 명에게 돌아올 터입니다. 여러 나라가 앞다퉈 창설하고 있는 우주군의 어두운 그림자입니다.

우주에서 경제적 패권 경쟁은 군사적 패권 경쟁을 가속화하고 다시 경제적 패권 경쟁으로 악순환을 이룹니다. 이미 군사 정찰용 인공위성들이 지구 궤도에 가득 차 있는데요. 미국과 러시아는 적의 군사 인공위성을 요격하는 공격형 위성(ASAT, anti-satellite weapon)을 개발해서 실험하고 있습니다. 여기에 중국과 인도가 가세하고 있고요.

영화 〈스타워즈〉처럼 별과 별 사이를 누비며 전투를 벌이는 우주군은 머나먼 미래의 상상입니다. 그런 전투가 오기 전에 '우주군' 이름으로 지구인끼리 전쟁이 일어난다면 자칫 공멸할 수도 있습니다. 우주군이 지구의 평화를 지키는 것이 아니라 정반대일 수 있다는 경계가 필요합니다.

그래서 다시 1967년 발효된 '우주 조약'을 새길 필요가 있습니다. 우주 탐사는 군사 목적이 아니라, 평화적인 목적이어야 하고, 핵무기를 실은 우주선이 지구 밖을 비행해서는 안 된다고도 명문화했거든요. 대량 살상 무기는 우주에 배치할 수 없으며 우주에서는 군사 훈련이나 무기 실험도 할 수 없다고 했지요. 다만 힘이 뒷받침되지 않을 때 국제 조약은 자칫 휴지 조각이 될 수 있습니다. 그래서 우주 조약을 지켜 나가야 한다는 문제의식이 인류의 미래에 대단히 중요합니다. 우주 7대 강국에 들어간 대한민국의 미래 세대가 '우주 조약 지킴이'를 자임하고 나서면 어떨까요.

미국의 전략 방위 구상이 된 '스타워즈'

미국 로널드 레이건 대통령은 집권 뒤 1983년 전략 방위 구상(Strategic Defense Initiative, SDI)을 발표했습니다. 소련의 대륙 간 탄도 미사일의 위협으로부터 미국을 방어하겠다는 미사일 방어 체계의 정식 이름입니다. 핵미사일이 우주까지 올라가 떨어지므로 레이저 포와 반사 거울을 탑재한 인공위성이 우주 공간에서 핵미사일을 요격한다는 구상인데요. 레이건의 구상을 언론들이 '스타워즈'로 불렀지요. 1983년 당시 영화 〈스타워즈〉 열 풍이 일고 있었거든요. 레이건도 그런 별명을 좋아했습니다. 언론계 안팎 에서 미국이 〈스타워즈〉 영화를 만들어 '전 세계 사람들 눈을 홀리는 동안 미군은 성조기를 단 엑스윙(X-wing)을 타고 다니는 진짜 루크 스카이워커 를 준비했다'는 말이 퍼졌습니다.

레이건의 발표처럼 전략 방위 구상이 구현되면 소련이 쏘는 미사일들을 미 국이 모두 격추할 수 있게 되어 두 나라 사이에 전략적 균형이 붕괴됩니다. 전략 방위 구상 자체가 방어용 무기 체계임에도 미국과 유럽의 평화주의자 들이 거세게 반대하고 나선 이유입니다. 미소 냉전 시대의 평화는 기본적 으로 상호 확증 파괴의 공포에 기반을 둔 평화였거든요. 한쪽이 다른 한쪽을 핵으로 공격하면 반대쪽도 총력을 다해 핵으로 반격할 것이고, 결국 모두 멸망과 파멸을 피하지는 못할 것이니 아무도 선제 공격할 수 없다는 거죠. 그 점에서 전략 방위 구상은 미국이 소련을 도발한 사건입니다.

소련이 무너진 뒤 밝혀진 사실에 따르면, 레이건은 처음부터 스타워즈로 불린 구상을 실현에 옮길 생각이 없었습니다. 당시 과학 기술 수준으로도 불가능했고요. 그럼에도 곧 착수할 듯이 발표한 의도는 소련을 파멸로 이끌 의도였습니다. 소련이 미국의 '스타워즈 구상'에 대응하느라 엄청난 군사비를 지출하면 소련 경제가 무너지리라고 기대했다는 거죠. 실제로 레이건은 스타워즈 구상을 언론에 틈날 때마다 공언했지만 소련이 조바심을 내도록 시늉만 냈다는 분석이 나오고 있습니다. 1991년 소련의 붕괴에 스타워즈 구상이 기여한 셈입니다.

5
현대 우주 과학의 혁명

지구에 흐르는 피의 강물과 과학의 힘

우주과학자 칼 세이건은 우주에서 본 지구를 '창백한 푸른 점'으로 표현하며 인류가 얼마나 잦은 전쟁으로 서로를 죽였는지 성찰했습니다.

> 광대한 우주에서 지구는 하나의 아주 작은 무대에 지나지 않습니다. 저 조그마한 점의 한 구석을 그것도 아주 잠깐 동안 차지하는 영광과 승리를 누리기 위해 인류 역사 속의 무수한 장군이나 황제들이 죽였던 사람들이 흘린 피의 강물을 생각해 보십시오. 저 작은 점의 어느 구석의 사람들이 겉모습으로 거의 구별할 수 없는 다른 구석의 사람들에게 저지른 셀 수 없는 만행을 생각해 보십시오. 그들은 얼마나 자주 오해를 했고, 서로 죽이려고 얼마나 날뛰고, 얼마나 지독하게 미워했던가 생각해 보십시오.

세이건은 인류가 얼마나 거만한가를, 우주에서 자신들이 마치 우월한 위치에 있다는 듯이 망상하고 있음을 깨우쳐 주었습니다. 이어 천문학을 공부하면 겸손해지고 인격이 형성된다고 강조합니다.

사실 천문학이 인간을 겸손하게 만든다는 말은 일찍이 '코페르니쿠스 혁명'에서 비롯했습니다. 코페르니쿠스가 지동설을 주장하며 1543년에 『천구의 회전에 관하여』를 발간하면서 우주 과학이 등장했는데요. 비단 유럽만이 아니라 전 세계에 걸쳐 오랫동안 인류가 믿어 온 고정 관념을 무너트렸습니다. 그때까지 수천 년 내내 인류는 동·서를 막론하고 자신이 발 딛고 살아가는 대지를 중심에 두고 세상을 바라보았거든요. 해가 동쪽에서 떠서 서쪽으로 저물고, 밤의 달은 해에 버금가는 위상을 차지했었죠. 수많은 잔별들은 해와 달에 비해 사소하게 여겼어요. 고대 그리스나 동아시아에서 지동설을 주장한 사람이 있었지만 어디까지나 극히 예외적 사례였지요.

특히 유럽의 중세적 세계관에서 세상의 중심은 신이 생물을 번성케 하고 인간을 창조한 지구였습니다. 구약 성경의 '창세기'는 신이 하늘과 동시에 땅을 창조했다고 기록했습니다. 이어 "두 큰 광명체를 만들어 큰 광명체로 낮을 주관하게 하시고 작은 광

얀 마테이코, <천문학자 코페르니쿠스, 신과의 대화>(1872).

명체로 밤을 주관하게 하시며 또 별들을 만드셨다"고 우주를 그립니다.

수천 년, 아니 인류가 등장한 이래 수만 년의 세월 동안 자연스럽게 믿었던 '우주의 그림'은 코페르니쿠스 혁명으로 폐기됐습니다. 인류가 살아온 세상도 우주의 '중심 자리'를 내줄 수밖에 없었지요.

코페르니쿠스 혁명으로 출발한 과학 혁명은 1687년 뉴턴의

『자연 철학의 수학적 원리』 출간으로 일단 매듭을 지었습니다. 뉴턴은 '만유인력 이론'이 상징하듯이 단일한 원리, 단일한 법칙으로 우주의 모든 현상을 풀이함으로써 과학 혁명을 완수했다는 찬사를 당시에 받았습니다.

하지만 뉴턴은 죽음을 앞두고 "세상이 나를 어떤 눈으로 볼지 모른다. 그러나 내 눈에 비친 나는 어린아이와 같다. 나는 바닷가 모래밭에서 더 매끈하게 닦인 조약돌이나 더 예쁜 조개껍데기를 찾아 주우며 놀지만 거대한 진리의 바다는 온전한 미지로 내 앞에 그대로 펼쳐져 있다"고 토로했습니다. 천문학이 인간을 겸손하게 만든다는 금언을 확인할 수 있지요. 지구에 피의 강물을 흐르게 한 권력과 대조적인 과학의 힘입니다.

우주 과학은 지구는 물론 태양까지도 우주의 중심이 아니라는 사실을 밝혀낸 뒤에도 끊임없이 발전했습니다. 코페르니쿠스가 우주의 중심이라고 생각했던 바로 그 태양, 지구가 그 둘레를 끊임없이 돌고 있는 태양과 같은 별이 우리은하에만 아무리 줄여 잡아도 1000억 개가 있다는 사실이 드러났습니다.

우주 과학이 밝힌 진실은 거기서 멈추지 않습니다. 우리은하의 이웃인 안드로메다은하에도 어금버금한 '태양'이 있다는 사실이 드러났습니다. 우주과학자들은 1000억 개 안팎의 별을 거느리고 있는 은하(소우주)가 우주에 최소한 100,000,000,000개(1000억 개)가 있다는 사실을 21세기에 들어와 발견하며 경이를 느꼈는데요. 그런데 그로부터 10년도 안 되어 천체 망원경 성능이 발달하면서 은하의 숫자는 열 배로 늘어 1조 개가 되었습니다.

해를 태양신으로 섬기거나 해가 다시 길어지기 시작하는 동짓날을 예수의 탄생일로 설정했던 종교적 인류, 그뿐 아니라 코페르니쿠스의 지동설에 가까스로 적응한 '근대적 인류'에겐 선뜻 믿겨지지 않는 사실이겠지요. 하지만 과학적 진리입니다.

지금까지 우주 과학이 발견한 성과만 보더라도 지구에 발을 딛고 살아가는 인간으로선 실감이 되지 않을 만큼 우주는 어마어마한 규모입니다. 더구나 1조 개에 이르는 은하는 우주에 띄엄띄엄 떨어져 있습니다. 수십 개에서 수백 개씩 은하가 모여 있는 곳을 '은하군'이라 하고, 은하군이 다시 여러 개 몰려 있는 곳을 '은하단'이라 하지요.

그렇다면 우리 인류가 존재해 온 은하는 어떨까요. 우주에서 비교적 은하들이 모여 있는 곳이라서 안드로메다은하, 마젤란은

태양과 가장 가까운 별 '프록시마 센타우리'의 모습. 현재 인류의 기술로는 가장 빨리 가도 5만 5000년이 걸리는 거리이다.

하들과 함께 은하군을 이루고 있습니다. 1000억 개의 태양(별), 다시 1조 개의 은하를 떠올리면 우주는 별들로 가득하리라 상상할 수 있겠지만, 우주는 거의 진공입니다. 과학자들은 우주에 있는 별을 축구 경기장에 있는 좁쌀 하나 정도로 비유합니다.

우리은하가 속한 은하군의 지름은 250만 광년입니다. 빛의 속도로 250만 년을 가야 하는 거리이지요. 인류의 별, 해에서 가장 가까운 별인 프록시마 센타우리(Proxima Centauri)까지도 40조 킬로미터입니다. 단 1초도 쉼 없이 빛의 속도(30만 킬로미터/초)로 4년 넘게 가야 도달할 수 있는 거리이지요. 그 말은 해를 중심으로 한 반경 40조 킬로미터 안에는 어떤 별도 없다는 뜻입니다.

그럼에도 별들이 총총한 밤하늘은 별들 사이의 거리가 생략된 채 한꺼번에 우리에게 다가오기 때문에 나타나는 현상입니다. 별빛의 차이가 그것을 증명하지요. 노란 별, 주홍 별, 붉은 별, 초록 별, 푸른 별, 하얀 별들로 밀집해 있어 보이지만 그 별들 사이의 거리는 인간의 상상을 넘어섭니다.

별과 별 사이는 짙은 어둠입니다. 인식 주체인 인간에게 총총한 별들로 인식될 뿐, 우주 대부분은 인류가 미처 모르는 깊은 어둠에 잠겨 있습니다.

우주 대폭발과 별들의 생로병사

우리 우주에는 태양과는 견주기 어려울 만큼 큰 별들이 수두룩합니다. 우주에 퍼져 있는 1000억×1조 개를 넘는 무수한 별들은 도대체 어떻게 존재할 수 있는가, 왜 없지 않고 있는가를 물을 때 우리는 우주를 사색하는 철학의 문에 들어섭니다. 물론, 우주를 철학하는 사유가 사변에 머물러서는 안 됩니다. 별무리를 철학하기에 앞서 우주과학자들이 탐구한 과학적 성과를 촘촘히 짚어야 할 이유이지요.

우주과학자들은 무수한 잔별의 존재를 '빅뱅(Big Bang)'으로 설명합니다. 빅뱅은 '대폭발'로 흔히 옮겨지지만 내용으로 볼 때 '대분출'의 의미를 지닙니다. 빅뱅 이론은 우주의 기원을 말 그대로 '폭발'에서 찾습니다. 빅뱅은 질량과 에너지가 집중되어 있던 곳에서 폭발이 일어났다는 가설을 표현한 비유적 개념입니다.

138억 년 전 밀도가 몹시 높고 뜨거운 상태에서 '빅뱅'을 일으키며 탄생한 우주가 지금까지 계속 팽창하고 있다는 이론은 현대 우주 과학의 정설입니다. 빅뱅 이론을 처음 제시한 조지 가모프는 1946년 발표한 논문에서 우주가 고온 고밀도 상태였으며 빅뱅 1초 뒤 100억 도, 3분 뒤 10억 도, 100만 년이 지나 3000도가 되었다고 주장했습니다. 현재 과학자들은 빅뱅의 순간—수학적으로 표현하면 10^{-32}초라는 인간이 상상할 수 없을 만큼 짧은 찰나—에 에너지가 빠르게 퍼져 나갔다고 설명합니다. 우주가 계속 팽창해 나가며 공간의 밀도와 온도가 점차 낮아지는 과정에서 별들이 등장했습니다.

빅뱅은 공간에서 일어난 폭발이 아니라 '공간의 폭발'이고, 시간 안에서 일어난 폭발이 아니라 '시간의 폭발'입니다. 공간과 시간은 빅뱅의 순간에 창조된 거죠.

우주가 시간도 공간도 없는 작은 점에서 탄생했고 당시 온도는 100억 도였다는 마치 공상 같은 빅뱅 이론이 정설로 정착한 근거는 천체 망원경을 통한 관측입니다. 우주과학자 에드윈 허블은 은하들이 방향에 관계없이 우리은하로부터 계속 멀어지고 있음을 발견했습니다. 허블은 그 관측을 근거로 우주가 팽창하고 있다는 가설을 제시했습니다.

현재 우주과학자들은 우주의 팽창을 풍선에 비유합니다. 아직 불지 않은 풍선에 점들을 찍고 그것을 은하라고 가정하면, 풍선에 바람을 불어 넣을 때 모든 점들 사이의 거리는 멀어질 수밖에 없지요.

또 다른 근거는 우주에 존재하는 헬륨의 양입니다. 우주에서 우리가 알고 있는 물질의 3/4 가까이가 수소입니다. 수소가 핵융합을 통해 헬륨이 되려면 적어도 1000만 도가 넘어야 합니다. 과학자들은 헬륨이 수소의 1/3 가까이 우주에 존재한다는 사실에 근거해 우주 생성이 엄청난 고온에서 시작됐다고 결론내렸습니다.

빅뱅 우주론이 정설이 된 '결정적 근거'는 1964년 천문학자들이 우연히 발견한 '우주 배경 복사(cosmic background radiation)'입니다. 빅뱅이 사실이라면 폭발할 때의 빛이 우주 속에 고르게 퍼져 있어야 한다고 가정할 수 있습니다. '특정한 천체가 아니라 우주 공간의 배경을 이루며 모든 방향에서 같은 강도로 들어오는 전파'가 우주 배경 복사이지요.

그렇다면 빅뱅으로 퍼져 나간 우주의 끝은 어떻게 될까요. 끝없이 퍼져 나갈까요. 과학적 추론은 크게 팽창 우주설과 진동 우주설, 두 가설로 나눌 수 있습니다. 팽창 우주설은 빅뱅으로 우주가 끊임없이 팽창한다면 언젠가는 에너지가 다 소모되어 아무런 빛도 찾아볼 수 없는 죽음의 세계로 변하리라는 가설입니다. 반면에 진동 우주설은 우주가 팽창해 나가다가 언젠가 수축해 대폭발을 일으키기 전의 우주로 되돌아간다는 가설입니다. 원점으로 돌아가서는 다시 대폭발을 일으켜 지금의 우주처럼 팽창해 나감으로써 팽창과 수축을 되풀이한다는 거죠.

기실 밀도가 대단히 높은 아주 작은 점이 대폭발을 하여 오늘날과 같은 우주로 진화했다는 빅뱅 우주론은 누구나 처음 들을 때 선뜻 받아들일 수 없을 만큼 의문점이 많습니다. 처음 이론이 제시되었을 때부터 논란이 일었습니다. 우주 탐사를 통해 빅뱅을 입증할 여러 증거가 발견되어 현대 우주론에서 가장 보편적인 이론으로 자리 잡고 있지만, 모든 과학 이론이 그렇듯이 언제든 새로운 발견이 나오면 마땅히 수정할 수 있는 '가설'입니다.

빅뱅의 한 점을 추론한다고 해서 우리가 우주의 중심을 찾을 수 있는 것도 아닙니다. 우주의 중심이 어딘지는 현재로서는 알 수가 없습니다. 빅뱅을 팽창하는 풍선에 비유했듯이 풍선 표면의 한 점에서 다른 점을 보아도 멀어지는 점들만 보이지요. 풍선

밖에서 보지 못하는 한 풍선 중심의 위치가 어딘지 알 수 없습니다. 우리는 지구로부터 멀어지는 은하들만 바라볼 수 있을 뿐입니다.

팽창 우주론과 진동 우주론 가운데 무엇이 진실인지도 아직 과학은 모릅니다. 새로운 가설이 속속 나오기도 합니다. 과학자들은 더 커다란 천체 망원경, 더 정밀한 관측 기술이 개발되어야 해결될 문제로 봅니다. 다만 과학자들의 기대와 달리 아무리 기술이 발전하더라도 우주의 진실을 정확히 인식할 수 있을까라는 철학적 물음이 제기될 수 있습니다.

우주 과학이 밝힌 우주의 진실에서 하나 더 되새길 대목은 별 또한 죽음을 맞는다는 사실입니다. 죽음에 이르는 모든 존재가 그렇듯이 개개의 별 또한 과거에 없었다가 탄생한 거죠. 별의 '자궁'은 우주 공간의 가스와 먼지가 뭉쳐진 성운입니다. '성운(星雲)'은 우주에 있는 먼지나 가스가 구름 모양으로 이루어져 있다고 해서 붙여진 이름입니다. 국어사전의 우리말로는 '별구름'이라고 하죠.

가스와 먼지를 이르는 '성간 물질(Interstellar Medium)'들이 별을 형성하려면 조건을 갖춰야 합니다. 밀도가 높고 온도는 상대

나사가 2022년 11월 17일 공개한 원시별. 황소자리 방향으로 460광년 이상 떨어진 암흑 성운(dark cloud)에서 포착된 원시별과 주변의 가스와 먼지.

적으로 낮은 조건에서 성간 물질이 쉽게 결합하거든요. 결합된 성간 물질이 압축됨으로써 '원시별(proto star)'이 탄생합니다.

원시별의 중력으로 성간 물질이 계속 모여들면서 압축이 되면 중심 온도가 더 높아지고 그만큼 주변의 물질들을 더 끌어들입니다. 원시별의 내부 온도가 높아지면 어느 단계에서 핵융합 반응이 시작되는데 그때 '안정된 주계열(main sequence)'의 별이 됩니다. 별의 중심부에서 수소의 핵융합 반응이 일어나며 에너지를 발산하는 단계가 별의 청장년기입니다. 대다수의 별들은 중심부에서 수소를 헬륨으로 전환하며 '일생'의 대부분을 보냅니다. 우리의 별인 해 또한 그렇습니다.

하지만 언젠가 별 내부의 수소가 고갈되고 그에 따라 에너지가 시나브로 줄어들 수밖에 없습니다. 인간이 그렇듯이 모든 별에게 필연적으로 찾아오는 노화입니다. 별의 수명을 좌우하는 것은 태어날 때의 질량입니다. 무거운 별들은 상대적으로 주계열에 오래 머무르지 못하고 일찍 늙어 가지요. 수소가 핵융합을 하는 속도가 그만큼 빠르기 때문입니다.

그렇다고 질량이 적어야 좋은 것은 아닙니다. 어느 정도의 질량을 갖추지 못하면 수소가 핵융합을 할 만큼의 온도에 이르지 못하거든요. 아예 별이 되지 못한다는 뜻입니다. 별 주위를 돌아다니는 떠돌이별(행성)에 그칩니다. 바로 인류가 살고 있는 지구가 그렇습니다.

떠돌이별이라는 말에서 묻어나듯이 지구는 별이 아니라 우리가 '해'라고 이름 붙인 별(항성)을 돌고 있는 행성일 따름입니다. 우연히 세 번째 궤도에서 돌고 있기에 첫째나 둘째 궤도의 행성─금성의 표면 온도는 섭씨 500도─과 달리 펄펄 끓고 있지 않아 우리 인류가 나타날 수 있었습니다.

별이 주계열의 청장년기를 거치면 적색 거성(빨간 큰 별)이 되고, 폭발로 일생을 마칠 때 질량에 따라 중심부가 백색 왜성·중성자별·블랙홀로 변합니다. 질량이 태양과 비슷한 별은 수소가 거의 바닥이 날 무렵에 적색 거성으로 커집니다. 부피가 늘어난 '빨간 큰 별'은 마지막 단계에서 바깥 부분이 날아가 버리고 중심부의 핵만 남아 '작은 흰 별(백색 왜성)'을 이룹니다.

그런데 질량이 해의 10배 이상으로 큰 별은 폭발하고 중심부의 무거운 물질이 남아 중성자별을 형성합니다. 중성자별은 빠르게 자전하면서 전파를 방출하는데요. 질량이 해의 30배 이상인 별들은 초신성 폭발을 거치면서 강한 수축으로 빛조차 빠져 나갈 수 없는 블랙홀을 형성합니다.

인류를 살 수 있게 해 주는 별인 해는 46억 년 전에 회전하는 기체 구름에서 형성된 제2세대 혹은 제3세대 항성입니다. 어느 초신성이 폭발한 잔해들이 구름(성운)에 섞여 있었지요. 앞으로 50~70억 년이 지나면 적색 거성으로 부풀어 오른 뒤 마침내 외곽이 모두 터지고 중심만 남아 창백한 작은 별로 죽음을 맞을 '운명'을 피할 수 없습니다.

별도 탄생과 죽음이 있다고 하지만 인간의 삶과 견주는 것은 무리입니다. 인간의 수명은 아무리 건강해도 100년을 넘기기 쉽지 않지만, 밤하늘의 뭇별 가운데 지극히 평범한 별인 해의 수명은 100억 년 안팎입니다.

우주과학자들은 인간이 해를 관측하는 모습이 하루살이가 인류를 관측하는 꼴이라고 비유합니다. 세이건도 별들의 일생에 견주어 사람의 일생은 하루살이라고 비유했는데요. "별들의 눈에 비친 인간의 삶"은 "아주 이상할 정도로 차갑고 지극히 단단한 규산염과 철로 만들어진 작은 공 모양의 땅덩어리에서 10억 분의 1도 채 안 되는 짧은 시간 동안만 반짝이다가 사라지는 매우 하찮은 존재"입니다.

하지만 장구한 우주의 흐름에서 살핀다면 별의 일생 또한 짧습니다. 지금 밤하늘에 빛나는 모든 별들은 단지 '시간' 문제일 뿐 언젠가 죽음을 맞을 수밖에 없습니다. 거리가 있어서 모를 뿐 이미 죽은 별들도 있습니다. 그 명확한 사실을 인식할 때 새삼 우리는 우주의 신비를, 생각하면 할수록 더 경외감을 느끼게 하는 별의 존재를, 밤하늘 총총한 무수한 별들의 존재를 직시하지 않을 수 없습니다.

인류가 '영원'의 상징으로 숭배하거나 경외해 온 해를 포함한 모든 개개의 별들이 죽음을 맞는다는 사실, 인류의 존재는 물론 별의 존재도 드넓은 우주에서 어지럼을 느낄 정도로 미약하다는 진실을 확인한 우리에게 '철학적 위안'은 있습니다. 별의 부활이 그것입니다.

별에게 죽음은 끝이 아닙니다. 별이 폭발하며 우주 공간으로 방출된 파편들은 별구름을 이루는데요. 바로 그 먼지와 가스에서 다시 '원시별'이 태어나거든요. 인류에겐 메스꺼울 정도로 현기증 나는 기나긴 시간대이지만, 아무튼 별이 태어나고 죽고 다시 태어나는 과정을 되풀이하는 것은 분명합니다. 그 과정에서 우주 물질은 순환합니다.

우주에 가장 풍부한 물질은 수소이고 그것이 수축되어 핵융합을 한 결과가 헬륨입니다. 해를 비롯해 밤하늘의 총총한 별들 모두 수소와 헬륨이 대부분을 차지합니다. 별의 중심부에서 초고온 상황의 핵융합이 일어나면 헬륨보다 더 무겁고 복잡한 원소들이 만들어집니다. 탄소는 중심 온도가 수억 도 정도가 될 때 나타납니다. 탄소는 다시 네온을 낳고, 10억 도가 넘어갈 때 네온에서 산소가 나타납니다. 우리가 흔히 보는 철은 30억 도의 초고온에서 나타나지요.

'살아 있는 별'의 내부는 온도와 압력에 한계가 있기 때문에 철보다 원자핵이 많은 원소들은 만들어지기 어렵습니다. 흔히 중금속이라 부르는 구리(銅), 은, 금은 다른 별의 죽음을 통해 생겨났지요. 크고 밝은 별들이 초신성으로 폭발할 때 엄청난 열과 압력으로 만들어진 물질들이 주변의 우주 공간으로 산산이 뿌려지거든요. 그것이 우주의 먼지, 별구름이 됩니다.

지구도 마찬가지입니다. 지구의 지각을 이루고 있는 주요 원소인 산소, 규소, 알루미늄, 철, 칼슘, 나트륨, 칼륨, 마그네슘 들 모두 별이 남긴 먼지와 가스입니다. 바로 그 원소들이 지구의 '대자연'을 구성하고 있습니다.

지구 생명체를 이루는 6개의 주요 원소인 탄소, 수소, 질소, 산소, 인, 황 모두 별이 죽은 잔해, 우주 먼지에서 왔습니다. 인간의 몸을 이루는 원소들이 별로부터 왔다는 과학적 진실을 인간이 '발견'한 것은 20세기 중반에 이르러서입니다. 인간이 생명을 유지하는 데 꼭 필요한 산소, 지구 대기에 가장 많이 들어 있는 질소, 유기체를 구성하는 탄소들 모두 별에서 왔듯이 인간은 본디 우주적 존재입니다.

인간이 죽으면 우리 몸을 구성하고 있는 원소들은 사라지지 않고 미생물이나 동식물을 거치며 생태계를 돌고 돕니다. 수십억 년이 더 흘러 우리의 별, 해가 수소 연료를 모두 쓰고 죽음의 길로 들어서면서 팽창하면 지구는 어떻게 될까요. 가까워진 태양열로 모든 생물은 물론 태평양도, 히말라야산맥도 사라집니다. 마침내 해로 빨려 들어가면 그동안 지구에서 순환을 거듭하던 우리 몸의 원소들도 함께 빨려 들어갑니다.

하지만 모든 별이 그렇듯이 해 또한 죽음을 맞으며 담고 있던 원소들을 우주 공간에 다시 방출해 우주 먼지를 이룰 겁니다. 우주 먼지들은 중력 수축을 하며 가스 원반을 형성하고 회전합니다. 그러면서 중심부의 온도가 올라가고 뜨거워지면 수소가 핵융합 반응을 일으키며 새로운 별이 탄생하는 거죠.

별이 다시 탄생하는 과정에서 주변 물질들은 생성되는 별의 주위를 돌며 돌과 가스 덩어리의 행성을 만듭니다. 딱히 지구가 아니어도 어딘가에 산과 바다가 생겨나고 생명이 발생해 인류처럼 자신의 운명을 짚어 보고 우주 과학을 발전시킬 존재도 나타날 수 있습니다.

다중 우주와 외계 생명체

우주과학자들은 우리가 살고 있는 우주 말고도 다른 우주들이 존재한다는 과학적 가설까지 내놓았습니다. 다중 우주(Multi-verse)론이 그것입니다. 다중 우주는 빅뱅 이론의 난점들을 풀기 위해 고심하는 과정에서 등장했습니다. 빅뱅을 만들어낸 에너지가 우리 우주가 시작되기 전부터 존재했으리라 본 과학자들은 우리가 알고 있는 우주와 전혀 다른 우주의 존재 가능성을 가설로 세워 연구하고 있습니다.

다중 우주론에서 우리 우주의 근원인 빅뱅과 급팽창은 유일무이한 사건이 아닙니다. 우리 우주의 빅뱅 이전에도 이미 여러 차례 빅뱅이 있었고, 앞으로도 무수히 빅뱅이 일어날 수 있습니다. 끊임없이 되풀이되는 팽창 과정에서 새로운 우주가 잇따라 탄생할 수 있습니다. 새 우주가 형성되더라도 언제나 남은 공간이 있게 마련이고 그 공간은 방출되지 않은 에너지로 가득하기 때문에 또 다른 빅뱅으로 더 많은 우주가 탄생합니다. 그 과정이 영원히 이어질 수 있다는 뜻입니다. 간추리면 새로운 우주가 끊임없이 탄생해 펼쳐진다는 이론이 다중 우주론입니다.

다중 우주론에서 별의 숫자는 상상을 초월합니다. 우리의 해와 같은 별이 빅뱅 이론으로 밝혀진 숫자만 1000억×1조 개인데, 다중 우주론은 그 우주가 무수한 우주의 하나일 뿐이라고 추정하거든요.

다중 우주론을 뒷받침할 관측이 이뤄진다면, 인류의 존재는 더욱 미미해질 수 있습니다. 다른 한편으로 인류에게 심각한 문제가 제기될 수 있습니다. 현대 과학이 밝혀낸 우주상에 근거할 때 우리가 '외계 생명체'를 상정하는 것이 아주 자연스럽기 때문입니다.

인류가 살아온 사유의 역사를 톺아보면 이미 코페르니쿠스의 전환 이전인 '천동설 시대'에도 하늘에 사는 존재를 상상했음을 발견할 수 있습니다. 당장 조선의 풍속은 물론 아시아 여러 나라의 설화를 짚어 보아도, 달에 토끼 또는 두꺼비가 살고 있다고 했잖습니까.

서양에서도 고대 그리스인 가운데 달에 사람이 살고 있다고 믿은 기록이 남아 있습니다. 일찍이 철학자 에피쿠로스는 '우리가 모르는 생명체가 사는 곳이 우주에 수없이 많을 것'이라고 주장했습니다. 고대 로마의 시인 루크레티우스는 "우주 어딘가 우리 지구와 같은 곳에 사람이나 동물이 살고 있을 것"이라고 기록했고요. 딴은 그리스·로마 신화부터 하늘에 사는 존재들을 전제하고 있습니다.

근대에 들어와 코페르니쿠스 혁명으로 외계 생명체에 대한 상상은 더 확산되었습니다. 기실 해가 지구를 도는 것이 아니라 지구가 돌고 있다면, 다른 행성에도 생명체가 존재하리라는 추정은 합리적입니다. 천문학자 요하네스 케플러와 철학자 임마누엘 칸트는 모든 행성에 생명체가 살아 있으리라 생각했습니다.

근대를 상징하는 계몽 철학자 칸트가 외계 생명체의 존재 가능성을 추정한 것은 흥미롭습니다. 칸트는 신의 창조 행위가 아니라 천체들이 진화한 결과 생명체가 생겨났다고 보았지요. 진화론자들에 앞서 생명체가 특정한 외적인 조건들과 연계되어 있다고 인식한 셈입니다.

칸트는 외계 생명체에 대해 "모든 행성들에 다 생명체가 살고 있다고 주장할 필요는 없다고 본다. 또한 이것을 굳이 부정하는 것도 불합리하다"면서 "해의 티끌에 불과할 정도로 황량해 생명체가 없는 곳도 있을 것이다. 어쩌면 모든 천체들이 미처 완전한 형태를 다 갖추지 못했을지도 모른다. 어떤 거대한 천체가 확실한 물질 상태에 도달하기까지는 수천 년에 또 수천 년이 더 걸릴지도 모른다"고 추론했습니다.

기독교가 중심인 유럽 사회에서 조심스러울 수밖에 없는 진단이고 과학적 근거를 제시한 것도 아니지만 외계 생명체의 가능성에 무게가 쏠린 말임에 틀림없습니다. 칸트가 생각한 시간 단위는 겨우 "수천 년"이라는 점에서 한계가 뚜렷했지만 현대 우주 과학으로 보더라도 예지가 돋보이지 않나요.

칸트 사후 천체 망원경이 더 정교해지고 그에 따라 새로운 별들이 끊임없이 발견되면서 다른 천체에도 생명체가 존재한다는 생각이 논문과 문학 작품을 통해 폭넓게 소통됐습니다. 대표적으로 20세기가 열리기 직전에 웰스가 쓴 『우주 전쟁』에는 '화성인'이 등장합니다. 지름 1.2미터에 이르는 거대한 머리에 큰 눈과 입, 16개의 채찍 같은 촉수를 지닌 문어형의 생물로, 그 뒤 외계인의 전형이 되었습니다. 소설 속의 화성인들은 인간의 신선한 피를 뽑아 자신의 혈관에 주입하는 소름 끼치는 존재였지요. 웰스는 인간이 "더 이상 세상의 주인이 아니라 화성인의 발아래 있는 동물들 중 하나에 불과"한 상황을 그리면서 "다른 짐승들이 우리 앞에 그랬던 것처럼 망을 보고 뛰고 숨는 신세가 되었다"고 서술했습니다. 우주적 지평에서 인간 중심주의를 비판한 선구적 문학 작품입니다.

인류가 '외계 지적 생명체 탐사(SETI, Search for Extra-Terrestrial Intelligence)'에 본격적으로 나선 해는 1960년입니다. 젊은 전파 천문학자 프랭크 드레이크는 지름 25미터의 전파 망원경을 설치하고 우주에서 오는 외계인의 신호를 포착하겠다고 공언했습니다.

드레이크는 자신의 계획에 정당성을 부여하려고 우주에 존재하는 고등 생명체와 우리 인류가 소통할 수 있는 확률을 계산하는 방정식 'N=R* × fp × ne × fl × fi × fc × L'을 만들었습니다. 외계 생명체가 지구와 소통할 수 있는 지적인 문명의 가능성(N)을 수치로 산출하는 방법인데요. 우리은하에 있는 별의 수(R*)에 생명체가 존재할 행성의 확률(fp)을 곱하고, 다시 지구와 같은 수준의 행성의 수(ne), 그 행성에 생명이 존재할 확률(fl), 그 생명체가 지구와 교신할 만한 기술을 발전시켰을 확률(fi), 그들이 인류와 교신을 원할 확률(fc), 그 문명이 지속할 시간의 비율(L)을 곱

한 값입니다.

'드레이크 방정식(Drake equation)'은 신선한 접근이었고 외계 생명체에 대한 상상력을 크게 높여 주었습니다. 그는 자신의 방정식에 어림값을 적용해 우리은하에서 최소한 40개의 행성과 교신이 가능하다고 추산했습니다.

드레이크 이후 우주 과학은 더 많은 천체들을 발견했습니다. 세이건은 우리은하에서만 1000억 개의 별 가운데 100만 개 행성에 지적인 생명체가 살고 있으리라 추정했습니다. 세이건 이후 우주 과학이 발견한 은하들은 무장 늘어났지요. 은하만 해도 1조 개에 이르니까 우주 전체로 따진다면 1조 × 100만 개의 행성에 외계 생명체가 존재할 수 있고, 그 행성마다 지구의 인간 개체 수보다 훨씬 적은 10억 명이 살고 있다면 우주의 외계 생명체 총 개체 수는 자그마치 1자 ~ 10양에 이릅니다.

우주 과학이 외계 생명체와의 만남에 긍정적 전망만 내놓은 것은 아닙니다. 외계 생명체와 만날 가능성은 '확률'보다 더 냉철해야 한다고 주장하는 과학자들이 적지 않거든요. 그들은 외계 생명체 문제에 '거리의 현실'을 강조합니다. 별들 사이에 놓인 거리를 고려하지 않고 외계 생명체를 쉽게 생각한다는 거죠.

미국 캘리포니아 세티(외계 지적 생명체 탐색) 연구소에서 운용하는 외계의 무선 신호를 찾는
전파 망원경 '앨런'.

지금까지 인류가 만들어낸 물체 가운데 가장 빠르게 지구에서 벗어난 것은 피아노 크기의 작은 무인 우주선 '뉴 호라이즌스'입니다. 10년 동안 날아간 끝에 2015년 7월 명왕성까지 갔어요. 발사될 때의 속도가 초속 16킬로미터였는데 중간에 목성의 중력 도움을 받아 초속 23킬로미터까지 올랐어요. 초속 23킬로미터라면 총알 속도의 23배입니다.

그런데 태양에서 가장 가까운 별, 프록시마 센타우리는 4.2광년 거리에 있으므로 그 속도로 날아가면 옹근 5만 5000년이 걸려요. 지금 기후 온난화 현상으로 미뤄 보아 그때까지 인류 문명이 존속할 수 있을지도 의문입니다.

더욱이 외계 생명체가 우리를 찾아온다면 성간 거리를 자유롭게 이동할 수 있다는 뜻인데, 그렇다면 그들은 우리가 상상할 수 없는 자원과 에너지를 지닌 셈입니다. 바로 그래서 그들이 지구 따위에 눈 돌릴 이유가 없다는 결론도 나옵니다. 지구의 물질은 모두 우주에서 온 것이기에 외계인이 굳이 은하계 변두리의 작은 행성까지 찾아올 동기가 없다는 거죠.

더구나 지구상에 인류가 나타난 것은 아무리 늘려 잡아도 '겨우 20만 년 전'이고, 문명을 일구어 온 것은 1만 년이 채 안 됩니다. 우주 138억 년의 역사에 견주면 말 그대로 '찰나'이죠. 다른 외계 문명이 있더라도 그 또한 찰나라면, 두 찰나가 동시에 존재할 확률은 거의 0에 수렴한다는 계산이 나옵니다.

다만 반론도 있습니다. 지난 100년 동안 인류는 비행기에서 시작해 우주선까지 개발하며 과학 기술이 빠르게 발전해 왔는데 그 속도로 다시 백년, 천년 내내 발전한다면 그 성과는 현재 우리의 상상을 뛰어넘는다는 주장입니다.

그렇다면 진실은 무엇일까요. '알 수 없다'가 정답입니다. 다만 우주과학자 스티븐 호킹의 말에 귀 기울여 볼 필요는 있습니다. 2015년 호킹은 외계 생명체의 존재는 의심할 여지가 없으며 수학적으로 볼 때 외계인에 대한 자신의 생각은 이성적이라고 밝혔는데요. 문제는 그들이 있다거나 없다가 아니라 어떤 존재인지 알아내는 것이라고 강조했습니다.

호킹은 외계 생명체와 만날 때 인류의 위험성에 대해 경고했어요. 진화된 외계 생명체가 그들이 다다르는 행성을 정복하고 식민지로 만드는 유목민(nomad)과 같을 수 있다는 말입니다. "지능이 높은 생명체는 절대로 접촉하고 싶지 않은 생명체로 진화할 것이라는 점은 우리 자신을 보면 잘 알 수 있다"는 호킹의 성찰도 새겨 볼 대목입니다. 과거 유럽의 백인들이 아메리카에 침입해 왔을 때 선주민들은 우월한 무기에 학살당했고 아무런 면역력이 없던 전염병까지 창궐해 대부분 목숨을 잃었잖습니까. 아프리카의 선주민들 또한 줄줄이 노예로 팔려 갔지요.

이미 웰스는 『우주 전쟁』에서 사람의 피를 모두 뽑아 가는 "화성인들을 잔악한 종족이라고 판단 내리기 전에, 우리는 사라진 아메리카들소나 도도새와 같은 동물뿐 아니라 같은 인간이지만 (…) 우리가 가했던 잔악하고 무자비한 폭력을 기억해야 한다"고 역설했습니다. 이어 반문했지요. "만약 화성인들이 똑같은 생각으로 전쟁을 벌인다면, 우리가 그에 대해 불평을 늘어놓으며 자비의 전도사라도 되는 양 행동할 수 있을까?" 이 물음에 여러분은 어떻게 답하겠어요? 각자의 자유로운 생각에 맡기지요.

호킹은 재해로 지구가 파괴될 위험이 점점 증가하고 있기 때문에 인류를 위한 최상의 생존 전략은 새로운 행성에서 삶의 터전을 찾는 것이라고 주장했습니다. 그는 외계 생명체의 침략과 인류 생존 위기에 대한 자신의 경고가 우주 연구의 중요성에 대해 대중적 인식을 높이려는 의도라고 솔직히 밝혔지요.

우주에서 지구에만 생명체가 존재한다면, 세이건의 말을 인용할 필요도 없이 공간의 엄청난 낭비가 아닐 수 없습니다. '낭비' 여부를 떠나 지구에만 존재하리라는 생각이 오히려 비과학적입니다.

21세기 들어와 우주생물학자들은 지구와 외계의 경계선에 흩어져 있는 유성의 잔재들로부터 유기체인 아미노산을 발견했다면서 '생명의 씨앗이 외계에서 왔다'는 주장을 펴기도 했습니다. 근거가 약하지만 그럴 경우에 외계 생명체의 가능성은 훨씬 높아집니다.

우주생물학자 가운데는 우주에 생명체가 가득하리라는 전

망도 내놓고 있습니다. 물론, 인류가 앞으로도 외계 생명체를 만날 가능성이 없을 수 있습니다. 하지만 만날 수 없다고 해서 존재하지 않는다고 결론 내릴 수는 없습니다. 어느 순간 갑자기 인류와 외계 존재가 만날 가능성이 있다는 뜻입니다.

과거를 볼 수 있는 우주 망원경

천문학자들에게 망원경은 필수입니다. 망원경의 성능이 좋을수록 그만큼 우주의 진실이 드러나거든요. 1990년 지구 궤도로 쏘아 올린 허블 망원경은 우주의 나이와 블랙홀 연구에 결정적 기여를 했습니다.

그런데 새로운 망원경이 나타났습니다. 제임스 웹 우주 망원경입니다. 나사의 주도로 제작된 제임스 웹 우주 망원경은 2021년 12월 발사됐습니다. 이듬해 1월에 지구에서 150만 킬로미터 떨어진 지점(라그랑주 L2)에 안착했지요. 중력과 원심력이 상쇄돼 빛의 왜곡이 없으며 태양이 지구 뒤에 가려져 우주 관측에 최적입니다. 허블 망원경은 지구 상공 약 600킬로미터 궤도를 돌고 있으니까 비교가 어려울 정도입니다. 렌즈 구경도 2.4미터와 6.5미터로 차이가 크죠. 더구나 제임스 웹 망원경은 허블 망원경과 달리 적외선까지 포착해 한결 선명한 사진을 얻을 수 있습니다.

우주과학자들은 제임스 웹 우주 망원경을 '우주를 보는 타임머신'으로 부릅니다. 우주의 별들은 그 빛이 지구에 도달하려면 오랜 시간이 걸린다는 사실을 근거로 한 말입니다. 가령 우리가 보는 안드로메다은하는 현재 모습이 아니라 250만 년 전 모습이거든요. 빛의 속도가 유한하기 때문입니다. 그러니까 우주의 먼 곳을 관측할수록 더 먼 과거를 보는 거죠. 천문 관측을 타임머신에 비유하며 과거를 볼 수 있는 방법으로 꼽는 이유이지요. 영화 〈슈퍼맨〉은 여러 편이 제작되었는데 스물여덟 살인 슈퍼맨이 지구의 천문대를 통해 자신의 고향인 크립톤 행성이 폭발하는 과거를 보는 장면이 나옵니다. 영화 속 가공의 행성 크립톤은 지구에서 27광년 떨어져 있거든요.

제임스 웹 우주 망원경이 작동하고 1년 만에 관측 데이터를 활용해 750편에 이르는 논문이 출간됐습니다. 원시별의 탄생 장면, 블랙홀의 움직임과 같이 과학자들이 이론적으로 예측했으나 관측하지 못했던 우주의 현상들이 이 망원경을 통해 모습을 드러내고 있는 거죠. 초기 우주의 모습을 새로이 보여 주고 있어 앞으로 우주의 진실이 더 드러나리라 기대됩니다. 허블에 이어 웹 망원경이 우주의 새로운 진실을 언제 어떻게 드러내 우주 과학의 새로운 혁명을 이끌지 주목됩니다. 미래의 우주과학자 몫이겠지요.

과학 너머의 우주, 우주 문학의 상상력

우주 탐험과 함께 '우주를 무대로 한 SF 문학'이 본격적으로 나타났습니다. 줄여서 '우주 문학'입니다. 우주에서 펼쳐지는 모험과 활극을 담은 공상적인 소설이나 영화, 만화를 '스페이스 오페라(space opera)'라고 부르기도 합니다. 말을 타고 벌이는 서부극을 '호스 오페라(horse opera)'라고도 했는데, 배경이 황무지에서 우주 공간으로 바뀐 것에 지나지 않는다는 비야냥을 담았던 말입니다. 하지만 SF 문학과 공상은 다릅니다. 판타지 소설이나 영화는 우리의 경험 세계와 완전히 동떨어져 있지만, SF 문학은 과학에서 느낄 수 있는 경이로움을 더 넓힘으로써 탐구를 자극하거나 우리가 살고 있는 세상을 새롭게 보게 해 줍니다. 이를 '인지적 확장'이라고 하지요. 인간이 우주로 나가던 1960년대 초에 우주 문학의 고전으로 불리는 두 작품이 창작되었습니다.

먼저 폴란드 작가 스타니스와프 렘의 『솔라리스』를 살펴볼까요. 1961년에 출간된 이 책에는 두 개의 태양이 밤낮으로 푸른빛과 붉은빛을 신비롭게 반사하는 행성 솔라리스가 나옵니다. 작가 렘은 이 작품에서 외계 생명체에 대해 완전히 새로운 상상력을 펼치는데요. 바로 '생각하는 바다'입니다. 분명 물결이 일고 있는 바다지만 지구의 그 어떤 유기체보다 복잡한 구조를 지녔고 사고력이 고도로 진화된 생명체입니다. 행성 가까이 가면 개개인의 생각이 형상화되어 나타납니다. 가령 우주선을 타고 행성에 근접한 주인공에게 그가 사랑했지만 오래전에 죽은 연인이 되살아나 나타납니다. 이 작품은 외계인을 친구와 적으로 구분하는 숱한 '스페이스 오페라'들과 달리 인류와 전혀 다른 존재로 그려냄으로써 과학적 상상력을 한껏 넓혀줍니다. 영화로도 만들어져 우주 문학과 '스페이스 오페라'에 큰 영향을 끼쳤지요.

많은 이들이 영화로 익숙한 『혹성 탈출』은 본디 프랑스 작가 피에르 불의 소설로 1963년에 출간됐습니다. 본디 제목은 '유인원의 행성'입니다. 우주 탐험에 나선 신문기자와 물리학자가 지구와 비슷한 행성을 발견하는데 그곳에선 유인원이 정반대로 인류를 하등 동물로 여기며 노예로 부립니다. 인류의 이기적 문명을 풍자한 작품이지요. 우주에서, 더 좁게는 지구라는 행성에서 인류의 위치를 되짚어 보게 합니다.

고전으로 꼽히는 두 소설을 통해 우리는 과학적 탐구를 할 때 인간 중심주의적 우주관에서 벗어나 새로운 상상력을 펼 수 있습니다.

6
우주 철학과 인류 문명

우주에서 인간이란 무엇인가

코페르니쿠스 혁명으로 인류는 자존심에 큰 손상을 입었습니다. 철학은 그 충격에서 벗어날 수 있는 길을 제시하라는 시대적 요청을 받았지요. 철학이라면 어렵게 여기는 사람들이 있지만, 이미 우리는 모두 철학자입니다. 의식하고 있지 못할 뿐이지요. 누구나 사람과 세상을 바라보는 '눈'이 있잖습니까. 인생관이나 세계관이라고 하지요. 인생이나 세상을 어떻게 보는지는 사람마다 다른데요. 각각 다르게 바라보는 관점, 바로 그것이 그 사람의 철학입니다.

철학은 인생관과 세계관의 밑절미인 인간이란 무엇인가를 탐구합니다. 우주 철학(cosmic philosophy)은 우주에서 인간이란 무엇인가를 탐색하는 거죠.

서양의 근대 철학은 코페르니쿠스 혁명으로 위상이 흔들린 인간을 중심에 두었습니다. 인간의 주체성을 강조하면서 휴머니즘이 큰 흐름을 형성했지요. 신이 인간을 위해 해와 달을 만들어 주었다는 믿음이 사라짐으로써 자부심과 자존심을 잃은 유럽인들은 인간을 중심에 둔 철학으로 지구가 해를 공전하고 있다는 과학적 사실을 받아들였습니다.

서양 근대 철학이 주체를 정립하고 휴머니즘이 줄기를 이루는 과정에서 칸트가 큰 역할을 합니다. 근대 계몽 철학의 상징으로 불리는 칸트는 철학 이전에 천문학을 탐구하며 우주론을 탐구했습니다. 뉴턴의 관성 법칙과 중력 법칙을 바탕으로 태양계 생성에 관한 가설을 내놓았지요. 빠르게 회전하는 원시 별구름을 태양계의 기원으로 본 칸트의 '성운 가설'은 오늘날 우주 과학에 영감을 준 착상입니다.

서양의 과학을 접한 동양인들에게도 지동설은 충격이었는데요. 지구촌의 인류가 자신이 살고 있는 지구의 위상을 '해 중심'으로 받아들이고 코페르니쿠스 혁명에 가까스로 적응할 때, 우주 과학은 다시 '차가운 진실'을 일러 주었습니다.

20세기 이래 우주 과학의 발전으로 인류의 우주에 대한 인식은 18세기 철학자 칸트의 '우주'에 견줄 수 없을 만큼 풍부해졌는데요. 과학 기술과 함께 망원경이 발달하면서 인류는 밤하늘의 은하수를 면밀히 관측하고 그것이 띠 모양으로 펼쳐져 있

쾨니히스베르크(현 러시아 칼리닌그라드)에 있는 칸트의 동상.

는 숱한 별들의 무더기라는 사실, 그 은하의 변두리에 해가 자리 잡고 있어 지구와 별개의 현상처럼 보였을 뿐이라는 사실을 발견했습니다. 지구는 물론 태양마저 중심이 아닐 수 있다는 불길한 의심이 과학적 사실로 확인된 거죠.

무수한 별들 가운데 해는 평범하거나 어쩌면 그렇지도 못한 변방의 별에 지나지 않습니다. 그것은 근대 천문학 혁명에 못지않은, 아니 그 이상의 혁명적 발견이지요. 지동설의 충격에서 겨우 다잡은 인류의 자부심과 존재감은 재차 뒤흔들렸습니다.

현대 우주 과학의 발견 앞에서 자아나 주체를 중심에 둔 근대 철학의 한계는 또렷하게 드러났습니다. 유럽과 동아시아를 가릴 것 없이 고대 철학 이후 중세와 근대를 거쳐 20세기까지의 철학은 모두 현대 과학이 발견한 우주의 실상을 알지 못한 채 사유한 셈이지요. 우주 철학이 '지금까지 인류는 우주를 망각해 왔다'고 본 까닭입니다(더 깊은 철학적 논의는 제가 쓴 또 다른 책 『우주철학서설』을 참고하기 바랍니다).

우주과학자 브라이언 스윔은 『우주는 푸른 용』(1984)에서 이를 다음과 같이 쉽게 서술합니다.

> 가장 놀라운 일은 우주에 존재하는 모든 것이 같은 기원에서 출발했다는 사실을 깨달은 거죠. 내 몸을 이루는 원소와 당신 몸을 구성하는 원소가 본질적으로 연관되어 있다는 것이 믿어지세요? 그들이 빅뱅이라는 단일 에너지 사건에서 나와서 포획되었기 때문이죠. 우리

족보를 따라 올라가면, 우리 조상은 생명체를 거쳐 별들로, 그리고 태초의 원시 불덩어리까지 올라가요. 우주가 물질과 정신, 지성과 생명의 다양한 형태로 된 단일한 에너지 사건이라는 것은 정말 새로운 사실이에요. 인류 역사의 위대한 인물 중 그 누구도 이 사실을 몰랐어요. 플라톤이나 아리스토텔레스, 이스라엘의 예언자들과 공자, 토마스 아퀴나스와 라이프니츠, 뉴턴 등 세상에 큰 업적을 남긴 그 누구도 이 사실을 몰랐죠. 우리는 경험적 관점에서 우주의 기원을 알아 가는 최초의 세대인 셈이죠. 우리는 밤하늘을 올려다보며 우주와 은하와 별들이 탄생하는 사건을 전체적으로 이해하는 최초의 인간이에요. 하나의 생물 종(種)으로서 인간의 미래가 우주 이야기에 새롭게 새겨질 거예요.

과학자가 우주를 '푸른 용(Green Dragon)'이라고 표현한 이유는 낯설지만 뜻이 있습니다. 우주를 인간의 언어로 파악할 수 없다는 의미라고 스스로 설명했습니다. 우주의 진실이 아직 밝혀지지 않았기에 브라이언의 이야기에 우리도 동의할 수 있습니다.

달에 착륙한 암스트롱은 발을 딛고 서서 캄캄한 우주에 떠

우주비행사 암스트롱.

있는 지구를 보며 엄지손가락을 대고 한쪽 눈을 감았다고 하죠.
그 손가락이 지구를 그대로 가려 버리자 "그저 나 자신이 한없
이 작고, 또 작게 느껴졌다"고 토로했습니다.

　암스트롱이 스스로를 한없이 작게 느낀 것은 달에 발을 딛고
둥근 지구를 실제로 보며 얻은 깨달음이지만, 이미 300여 년 전

에 블레즈 파스칼은 "무한한 공간의 영원한 침묵이 나를 두렵게 한다"고 고백했어요. 파스칼은 삶의 짧은 시간이 그 앞과 뒤의 영원 속에 스며들어 사라지고 '내가 모르고 또 나를 모르는 무한한 공간 속에 잠기는 두려움'에 몸서리쳤습니다.

파스칼이 300여 년을 더 살아 우주선을 타고 달에 착륙했다고 하더라도 '무한한 공간의 영원한 침묵'이라는 서술은 달라지지 않았겠지요. 우리가 '저기 아닌 이곳, 그때 아닌 지금 존재할 이유'를 묻는 파스칼의 다음과 같은 물음은 오히려 더 절실할 수 있습니다.

"누가 나를 여기에 갖다 놓았는가? 그 누구의 명령, 누구의 인도로 이 시간, 이 공간이 나에게 마련되었는가?"

현대 우주 과학의 혁명적 발견들이 적나라하게 드러낸 인류의 우주적 위상을 망각하지 않거나 조금이라도 의식한다면 파스칼이 절감한 두려움도 증폭될 가능성이 높습니다. 기실 우주의 진실을 탐구해 온 길은 인류가 스스로 얼마나 작은 존재인가를 사무치게 절감하는 과정이었지요. 바로 우주 철학의 출발점입니다.

암흑 물질·에너지와 인간 중심주의

우주를 사유하며 태양계의 기원을 별구름으로 설명한 칸트는 철학에 본격 몰입했습니다. 철학적 문제를 세 가지로 제시하는데요. 첫째 "나는 무엇을 알 수 있는가?"이고, 둘째는 "나는 무엇을 행해야 하는가?"입니다. 셋째는 "나는 무엇을 해도 좋은가?"라는 질문입니다. 칸트는 이어 세 가지를 묻는 까닭이 있다고 하죠. 바로 "인간은 무엇인가?"라는 물음에 답을 얻기 위해서라고 밝혔습니다.

현대 우주 과학이 밝힌 우주는 실로 광대합니다. 우주 철학은 우주에서 인간은 어떤 존재인가를 생각합니다. 바로 인간관이지요. 인간관은 간명히 말하면 '인간을 파악하는 관점 또는 그 관념'입니다. 철학사전 이전에 국어사전 풀이지요. 우주 시대에 우주가 성큼 다가오면서 인간이란 무엇이며 왜 살고 있는지, 어떠한 특성을 가지고 있는지 궁금할 성싶습니다.

인간의 본질이나 특성에 대해 파악하는 어떤 관점이 인간관

나사가 제작한 우리은하의 상상도.

미래 세대를 위한 우주 시대 이야기

입니다. 우주에서 인간이란 무엇인가를 물을 때, 우리는 20세기 이래 과학의 눈부신 성과들을 교과서적 상식으로 넘기기보다 되새김질하면서 철학적 사유의 대상으로 삼을 필요가 있습니다.

인류가 여태 살아왔고 살고 있으며 앞으로도 살아갈 지구가 138억 년 전에 전개된 광대한 우주의 부분이라는 사실, 그것도 무수한 별들 가운데 한낱 평범하고 작은 별인 태양을 공전하는 세 번째 행성이라는 과학적 사실은 언제나 철학적 되새김질을 요구합니다.

더구나 지구가 그 둘레를 돌고 있는 태양도 우리은하의 중심을 공전합니다. 해의 공전 속도는 시속 82만 8000킬로미터라고 하죠. 그렇게 질주해도 은하 둘레를 한 바퀴 도는 데 지구 시간으로 2억 3000만 년이 걸립니다. 우리의 상상을 뛰어넘을 만큼 빠르고 광활한 운동에 인류의 시공간 관념은 무력합니다.

지구 생성 과정도 철학적 사유의 대상입니다. 우주 철학은 인간이 인식 주체로서 지닌 인식 기관이 다름 아닌 지구에서 진화해 온 산물이라는 사실, 더 넓게는 우주의 산물이라는 사실에 주목합니다. 우리가 외계 생명체를 상정할 때, 인류 또한 여러 우주 생명체 가운데 하나일 수 있습니다. 그때 인류의 특성은 지구에서 비롯한 것으로 판단할 수 있겠지요. 우리가 과학을 발전시키고 철학을 하는 기반인 뇌 자체가 지구의 생성에 뒤이은 생명체 출현과 진화의 산물입니다.

지구의 생성과 변화 과정은 인류 역사의 기원입니다. 개개인의 인식 기관인 뇌가 나타나기까지 기나긴 과거가 있지요. 지구는 수많은 떠돌이별이 충돌하며 생겨난 행성이기에 초기엔 어떤 생명체도 존재할 수 없었어요. 우주에서 날아온 물질이 끊임없이 지구를 때리며 폭발했습니다. 가까스로 자기 자리를 찾은 지구의 위치는 금성이나 화성과 달리 생명체가 서식할 조건을 충족했습니다. 지구 밖의 외행성들은 안으로 날아오는 소행성들과 혜성들의 방향을 꺾어 지구와의 충돌을 줄여 주었습니다. 지구와 달의 거리가 궤도를 안정시켜 줌으로써 극심한 온도 변화도 막아 주었습니다.

행성 지구가 서서히 식으며 지각이 굳어지고 물과 대기가 형성되면서 비로소 생물이 나타날 수 있었습니다. 그러니까 인류는 우주 폭발에서 시작해 해의 생성, 지구의 생성, 생명체의 출현이라는 까마득한 시간대의 끝자락에 있는 존재이지요.

우주에 사람이 출현한 것은 결코 가볍지 않은 사건입니다.

우주를 볼 수 있는 눈과 뇌의 발달만 두고 하는 말이 아닙니다. 주요 감각 기관을 담은 몸 자체가 '작은 우주'입니다. 인간의 몸은 100조 남짓의 세포로 구성되어 있거든요. 100조 개라면 현재 지구에 살고 있는 인구의 1만 2000배가 넘는 숫자입니다. 과학이 발전하고 있지만 세포는 여전히 신비로운 대상입니다.

20세기 후반 이후 뇌 과학, 신경 과학은 발전을 거듭하고 있습니다. 사람의 뇌는 몸속에 있는 또 하나의 작은 우주이지요. 뇌에만 1000억 개의 세포가 있습니다. 뇌세포들 사이에 시냅스가 있는데 단순한 세포 간격이 아닙니다. 뇌세포들 사이의 통신 채널로 뇌가 하는 대부분의 일을 수행하는 수단입니다. 인간의 시냅스는 무려 100조 개에 이릅니다.

현대 과학이 입증하듯 '철학함'이 뇌가 뇌를 생각하는 과정이라면, 그 뇌가 다른 동물과 똑같이 발생해 진화한 것이라면, 미래의 철학은 철학하는 인간의 인식 기관이 지닌 과학적 한계를 인정하는 데서 출발해야 합니다. 바로 우주 철학이 그렇게 사유합니다.

우주 철학은 인간이 빅뱅 이래 태양계와 지구 생명의 진화를 거쳐 인류에 이르는 우주적 사건임을 중시합니다. 우주에 존재하는 모든 것은 같은 기원에서 출발하기에 우주 과학의 연구 성과를 바탕으로 차분하게 사유합니다. 인간을 구성하는 물질은 아주 오래전에 은하 어딘가의 적색 거성들에서 만들어진 것입니다. 우리의 DNA를 이루는 질소, 치아를 구성하는 칼슘, 혈액의 주요 성분인 철, 애플파이에 들어 있는 탄소 등의 원자 알갱이 하나하나가 모조리 별의 내부에서 합성됐다고 하죠.

과학이 밝힌 대로 우주의 별들과 지구의 생명은 뿌리부터 깊은 연관을 맺고 있습니다. 인간의 존재 자체가 무수한 우주적 사건 가운데 미미한 일부라는 사실을 중시할 때 우리는 인류의 인식 능력을 낙관할 수 없음을 새삼 깨닫게 됩니다. 아무리 우주 과학이 발전해도 인간이 천체 망원경으로 관측할 수 있는 영역은 한계가 있으리라고 전망하는 과학자들이 많습니다.

우주 물리학이 밝혀냈듯이 우주의 구성 요소들은 모두 상호작용합니다. 현재까지 우주 과학 연구에 따르면 우주에서 인간이 관측할 수 있는 물질은 4퍼센트에 지나지 않아요. 73퍼센트가 암흑 에너지(dark energy), 23퍼센트가 암흑 물질(dark matter)이거든요. 더구나 우리가 관측 가능한 4퍼센트의 대부분인 3.6퍼센트는 우주 공간에 흩어져 있는 성간 먼지나 기체를 이루는 물

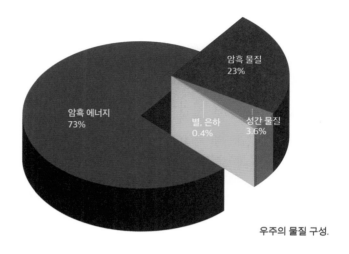

암흑 물질
23%

암흑 에너지
73%

별, 은하
0.4%

성간 물질
3.6%

우주의 물질 구성.

질입니다. 지구와 태양을 비롯한 별들을 구성하고 있는 물질은 우주의 0.4퍼센트에 지나지 않아요.

우주 과학이 눈부시게 발전했다고 서술했지만, 지금도 인류는 고작 0.4~4퍼센트에 지나지 않는 희미한 불빛에 의존하여 칠흑처럼 어두운 우주를 탐사하는 수준에 머물고 있습니다. 그 물질에 '암흑(dark)'을 붙인 이유는 말 그대로 무엇인지 알지 못해 깜깜해서입니다. 언젠가 밝혀지면 다른 이름이 붙겠지요.

21세기에 들어오면서 이론물리학자들이 우주를 바라보는 방식도 크게 바뀌고 있습니다. 하버드대학교 우주과학자 리사 랜들은 서슴없이 "우주는 비밀을 감추고 있다"고 단언하지요. 원자에서 원자핵과 전자를 빼면 99.9999퍼센트가 텅 빈 공간이라는 과학적 사실도 20세기 이전의 인류는 알 수 없었습니다.

현재 우주 과학은 우리 삶에 3차원이 아닌 '숨은 차원'이 있을 가능성을 탐구하고 있습니다. 인류는 가로·세로·높이로 이루어진 3차원의 공간에서 시간과 함께 살아왔는데요. 4차원은 물론 9차원, 11차원의 우주가 있다는 가설도 나왔습니다. 4차원 이상의 추가 차원들은 우리에게 익숙한 차원들과 전혀 다릅니다. 추가 차원들은 1센티미터의 100만 분의 1의 100만 분의 1의 100만 분의 1의 100만 분의 1의 100만 분의 1이라는 작은 공간 속으로 감겨 들어가 있답니다. 그 차원들은 너무나 작아 인간에게 전혀 감지되지 않지요.

인식 주체인 인간이 우주와 자연의 일부로서 이어져 있음을 과학적으로 확인할 때 우리는 인간 중심주의적 사유에서 벗어날 수 있습니다.

우주 철학은 20세기 이래 과학의 발전에 기반을 두고 있습니다. 우주 과학이 상대성 이론과 양자 역학, 빅뱅, 1조 개의 은하, 암흑 물질 들을 발견하며 눈부시게 발전했듯이 우주를 사유하는 철학은 물론 현대인이 우주를 바라보는 생각에도 전환이 필요합니다. 우리 개개인과 인식 기관 모두 우주의 '물질'로 구성되어 있지만, 인류는 아직 그 물질을 다 알지 못한다는 사실을 겸손하게 성찰해야겠지요.

인간은 우주에서 지구로 이어져 온 생물체들의 기나긴 진화 과정의 산물입니다. 우주 철학은 과학과 다른 고유성을 굳이 주장하지 않습니다. 과학에 근거해 우주에서 인간이 살아가는 의미를 겸손하게 탐구하는 철학입니다. 암흑 물질과 암흑 에너지는 인간 중심주의와 그것을 뒷받침한 서양 근대 철학에서 인류가 벗어나기를 요구하고 있습니다.

인류 문명의 위기와 우주 철학

인간 중심주의에서 벗어나야 한다는 말은 인간을 경시하자는 뜻이 아닙니다. 정반대입니다. 인간 중심주의적 문명에서 벗어나야 인류가 공멸의 위기를 극복할 수 있기 때문입니다. 우주 시대가 본격적으로 열렸다는 2020년 바로 그 시점에 지구촌으로 코로나19가 빠르게 퍼져 갔습니다. 무분별한 개발과 깊은 숲속의 동물까지 식품으로 상품화하는 과정에서 신종 바이러스가 인간에게 옮겨졌다고 하지요.

더구나 기후 온난화 우려가 현실로 나타나기 시작했습니다. 지구 북극의 빙하가 녹아내려 떠내려가는 얼음 조각 위에서 어찌할 줄 모르고 있는 북극곰의 모습이 인류의 미래일 수도 있습니다.

우주 시대라는 말과 함께 '인류세(Anthropocene, 人類世)'라는 말이 퍼져 가는 현상은 의미심장합니다. 인류세는 21세기 들어서면서 노벨 화학상 수상자 파울 크뤼천과 생태학자 유진 스토

머가 제안한 개념인데요. 지구의 역사에서 인류가 지구 환경에 큰 영향을 준 시기를 기준으로 구분한 지질 시대의 이름입니다. 본디는 신생대 마지막 시기인 제4기로 1만 년 전부터 현대까지의 지질 시대를 '홀로세(Holocene)'라 하는데요. 홀로세에 살아온 인류가 지구 환경에 큰 영향을 끼친 시점부터 다른 지질 시대로 구분하자는 뜻입니다. 유럽에서 시작한 산업화 과정에서 화석 연료 사용과 핵 개발로 배출된 온실가스와 방사능 물질이 지구 환경에 심각한 영향을 끼쳐 지질학적 변화를 불러온다는 주장이지요.

실제로 숲이 파괴되고 플라스틱이 기하급수적으로 쌓이고 있으며 멸종되는 생물이 늘어나고 있습니다. 일각에선 지구의 생태 위기를 불러온 요인을 더 분명히 해야 옳다며 자본의 탐욕스러움에 책임을 물어 '자본세(capitalocene)'를 대안으로 내놓았습니다. 인류세든 자본세든 분명한 것은 홀로세를 살고 있는 인류가 근본적인 위기를 맞고 있다는 사실이지요.

그러니까 우리는 우주 시대가 열렸다는 환호와 동시에 지구에서 인류의 생존이 위협받는 인류세 위기가 겹친 시대를 살고 있는 셈입니다. 대립적으로 보이는 두 현상에는 공통점이 있는데요. 인간 중심주의에서 벗어나라는 가르침을 준다는 점이지요. 인류세의 위기도 인간 중심적 사고에서 벗어나야 극복이 가능합니다. 바로 그 지점에 우주 철학의 문제의식이 있는 거죠.

우주 철학의 대상인 '우주'를 이르는 영어는 세 가지입니다. 스페이스(Space), 유니버스(Universe), 코스모스(Cosmos)이지요. 우주 산업이나 우주 개발을 논의할 때 사용하는 '스페이스'는 인류가 직접 또는 로봇을 통해 탐사할 수 있는 우주입니다. 지구에 살고 있는 인류와 가깝고 현실적인 우주이지요. 유니버스는 별이나 은하를 대상으로 할 때 쓰입니다. 두 우주와 달리 '코스모스'는 철학적인 생각을 전개할 때 쓰는 말이지요.

한편 다중 우주론자들은 '물리적 실재(physical reality)'와 '우리의 우주(our universe)'를 구분합니다. 우리의 우주는 물리적 실재 가운데 인간이 관찰 가능한 부분을 이르지요. 우리의 우주만이 유일한 우주라는 가정에서 벗어나 '우리의 우주'와 '우주(the universe)'를 구분합니다. 다중 우주론의 우주에는 우리와 전혀 다른 물리 법칙과 시공간 차원을 가진 평행 우주가 포함됩니다. 다중 우주의 가능성은 우리가 알지 못하는 물질과 에너지가 우주 공간의 대부분을 차지한다는 사실로 인해 더 높아졌지요.

1984년 최초로 밧줄 없이 우주 유영을 하는 우주비행사 브루스 맥캔들리스 2세의 모습.

우주 철학의 우주는 굳이 번역하자면 코스모스입니다. 인간이란 무엇인가라는 물음에 우주 철학의 답은 간결합니다. '우주인'입니다.

'우주인'의 국어사전적 의미는 "① 우주 비행을 하기 위하여 특별한 훈련을 받은 비행사, ② 공상 과학 소설 따위에서 지구 이외의 행성에 존재한다고 추측되는 지적인 생명체"입니다. 철학적 의미는 사전적 의미에서 조금 더 깊이 나갑니다. 영어로는 'spaceman'이나 'alien'이라고 하는데요. 우주 철학에서 말하는 우주인은 'cosmic people'입니다.

우주 철학 이전에 우주 과학의 관점에서도 모든 사람은 이미 우주인입니다. 우주에서 지구 자체가 자신의 별인 해를 빠르게 돌고 있는 '우주선'이니까요. 태양도 공전하고 있기에 더욱 그렇지요. 자신이 우주에 살고 있음을 의식하는 순간, 우리는 우주선에 승선해 있는 우주인입니다. 우리 몸을 구성하는 원소들도 별에서 왔잖습니까.

과학을 바탕으로 우주 철학은 우주인을 '우주적 관점으로 살아가는 우주적 인간'으로 정의합니다. 인간 중심주의를 비판적으로 보는 우주 철학은 다른 생명체의 권리도 존중합니다. 개개인의 눈에 보이는 우주가 동일하지 않듯이 다른 생명체의 관점에서 우주는 다르게 보입니다.

우리 주변의 개나 고양이가 바라보는 '우주'는 인간의 우주와 다릅니다. 하루살이에게 우주는 어떤 모습일까요. 138억 년에 이르는 우주 역사로 보면 인간의 100년 생애도 '하루살이'와 다름없을 텐데요. 인간이 하루살이의 '우주'를 가볍게 보거나 비웃기만 할 수 있을까요.

인류가 바라보는 우주와 다른 외계 생명체가 보는 우주 또한 다를 수 있습니다. 우주는 그래서 더 장엄합니다. 그 먹빛 우주에, 인류가 미처 모르고 있는 암흑 물질과 암흑 에너지가 우리를 기다리고 있습니다.

무릇 모든 생명체가 그렇듯이 사람은 누구나 죽음을 맞습니다. 죽음에 대해 많은 철학자들이 사유해 왔는데요. 대표적으로 20세기 독일 철학자 마르틴 하이데거의 생각을 볼까요. 하이데거는 사람들은 죽음에 대한 불안, 그 '으스스함' 앞에서 도피하지만 자신의 죽음을 의식할 때 비로소 가치 있는 삶을 살 수 있다고 강조합니다.

그런데 삶의 필연인 죽음을 하이데거와 대다수 서양 철학자처럼 '존재의 사라짐'이 아닌 '우주로 돌아감' 또는 '집으로 들어감'으로 인식한다면 '불안의 으스스함'이 아니라 경이의 두근거림에서 삶의 창조적 열정이 나올 수 있습니다.

지금까지 인류는 과학 혁명을 통해 인간이 태어나고 살아가는 시공간을 규명해 왔습니다. 앞으로 우주 과학의 발전을 통해 우주의 진실을 더 정확히 이해할 수 있을 때 인간은 지구를 벗어나 먼 우주까지 여행할 수 있을 것입니다. 암흑 물질과 암흑 에너지가 우주의 대부분이라는 사실에 주목하면, 인류가 전혀 상상하지 못한 세계가 발견될 수 있습니다.

현대 과학이 밝혔듯이 우주의 모든 것은 실체적 존재가 아니라 관계적 존재입니다. 우리가 미처 의식하지 못하고 있을 뿐 인간은 숨을 쉴 때도 이미 우주적 존재이지요. 우리가 숨을 들이킬 때 외부 대기에서 분해되고 남은 우주 먼지의 잔해도 들어온다고 하죠.

우주적 인간은 자신과 타인을 모두 우주의 부분으로 인식합니다. 나도 남도 관계적 존재입니다. 우주적 존재로서 인간이 사회에서 살아가고 있다는 사실도 우주의 지평에서 인식합니다. 우주와 인간 사이에는 지구를 둘러싸고 있는 대기처럼 '사회'가

놓여 있거든요. 모든 사람이 사회에서 자신의 개성과 차이를 다채롭게 꽃피울 때 우주는 그만큼 더 아름다울 수 있습니다.

우주 철학은 암흑 물질과 에너지가 가득한 어둠의 영역, 그 신비의 영역을 끊임없이 탐색하는 우주 과학의 발전과 함께 인문·사회 과학의 기반이 될 수 있습니다. 문학과 예술에도 영감을 줄 수 있습니다. 무수한 개성들이 꽃을 피우는 우주를 지향하니까요. 2020년대 들어 우주 시대와 인류 문명의 위기가 동시에 열리고 있습니다. 그것을 포착한 우주 철학은 시대정신을 담았다고 할 수 있겠지요.

'우주선 경제학'과 카우보이들

우주 철학은 우리가 발을 딛고 살아가는 현실을 무시하지 않습니다. 모든 학문의 기반인 만큼 경제학과도 이어집니다. 우주 경제학이라면 낯설게 다가올 수 있겠지만, 20세기의 뛰어난 경제학자 케네스 볼딩은 1968년에 『곧 다가올 우주선 지구의 경제학(The Economics of the Coming Spaceship Earth)』을 발표했습니다. 그가 쓴 『경제 분석』(1941)은 폴 새뮤얼슨의 『경제학—입문·분석』(1948)과 함께 세계적으로 정평 있는 경제학 입문서지요.

먼저 '우주선 지구'라는 개념이 눈에 띄죠. 지구를 우주선(spaceship)으로 본 겁니다. 볼딩은 인류가 '섬세하게 균형 잡힌 생명 유지 장치를 달고 우주선 속에서 살고 있는데도 마치 끝없이 펼쳐진 광활한 미개척지에 사는 카우보이처럼 행동한다'고 꼬집었습니다.

그래서 '카우보이 경제'를 '우주선 경제'와 반대되는 개념으로 쓰고 있는데요. 미국 서부 개척 시대에 카우보이들은 드넓은 땅에서 물적 자원의 축복을 누리며 살았다고 하지요. 물론 그 대륙에서 대대로 살아온 선주민들이 있었지만 그들의 땅을 빼앗거나 학살했습니다. 카우보이들은 '개인의 이득이 결국 지역의 이익이 된다'는 명분을 내세우며 각자 총을 들고 땅 넓히기 경쟁을 해 나갔습니다.

하지만 볼딩이 지적하듯 우주비행사들은 대단히 귀하고 한정된 자원을 싣고 날아가는 좁은 우주선 안에서 살잖습니까. 어떤 것도 낭비해서는 안 됩니다. 재활용되지 않고 쌓이면 주거 공간을 오염시키니까요. 그래서 하나의 팀으로 전체의 이익을 늘 염두에 둡니다. 불필요한 소비는 누구라도 꿈도 꿀 수 없지요.

우리가 살고 있는 21세기 풍경은 어떤가요. 지구라는 우주선에서 저마다 '카우보이 경제'를 실현하고 있지 않나요. 하버드대학교 경영대학원 교수 데이비드 코튼은 볼딩의 '우주선 경제학'에 동의하며 인류가 지금 방식대로 나아간다면 얼마 가지 않아 지구의 자원을 바닥내고, 인류 문명의 기초를 완전히 해체하고 말 것이라고 경고합니다. 볼딩은 더 이상의 논의를 진전시키지 못했지만 우주 시대를 맞은 미래 세대가 우주선 경제학을 새롭게 모색해 가리라 기대합니다.

캄캄한 우주와 철학의 빛

우주 철학은 2010년대 후반 들어 논의되기 시작한 철학입니다. 서양에서 처음에 물리 철학의 한 부분으로 논의되어 오다가 2014년과 2015년에 각각 「현대 우주론의 철학적 국면」과 「우주론과 시간」이라는 제목으로 학술 논문이 나오기 시작했습니다. 2017년에는 스탠퍼드 철학 백과사전에 '우주 철학' 항목이 개설되고 또 선집 『우주 철학』이 출간되었습니다.

한국에선 2020년에 학술지 『철학연구』에 이지선의 「우주, 우주론, 우주철학의 문제들: 우주론의 고고학을 위한 시론」이 실렸습니다. 그는 이 논문이 2018년 프랑스 박사학위 논문에서 출발했다고 밝혔습니다. 그런데 미국과 유럽에서 전개되고 있는 우주 철학은 영어 'philosophy of cosmology'에서 보듯이 우주론의 철학입니다. 개별적인 과학에서 나타나는 문제를 짚는 과학 철학의 흐름 가운데 하나인 거죠. 가령 물리학의 철학(philosophy of physics), 생물학의 철학(philosophy of biology)들이 있거든요. 대한민국은 이미 경제 대국으로 성장했고 국제 사회에서도 '선진국'으로 분류되고 있습니다. 한국인들이 세계적 성취를 이룬 분야가 적지 않을뿐더러 한류 문화가 지구촌에 퍼져 가고 있잖습니까. 더구나 우리 역사에는 오랜 철학적 사유가 녹아들어 있습니다. 원효와 의상은 불교 철학에서, 퇴계와 율곡은 유학에서 당시 세계적 수준에 올랐지요. 우리 고유의 철학인 동학도 최제우, 최시형, 손병희로 이어졌습니다. 그 사상들에 우주론이 담겨 있는데요. '사람이 곧 하늘(인내천)'이라는 사상은 '사람이 곧 우주'라는 생각으로 나아갈 수 있습니다.

우주 철학을 서양처럼 꼭 '우주론의 철학'으로 생각할 필요는 없습니다. 서양에서도 이제 시작하는 철학 흐름이니까요. 우리말로 우주 철학을 전개한 책도 2022년에 『우주철학서설』로 나왔습니다. 우주 철학은 세계적으로 아직 개척되지 않은 영역입니다. 우주에서 인간이란 무엇인가를 철학하는 한국인이 앞으로 많이 나올 때, 우주 과학의 발전은 물론 우주 시대를 창조적으로 열어 갈 수 있지 않을까요.

우주 시대와 미래의 인간

우주 철학은 인간을 우주인으로 정의 내립니다. 우주여행이 이미 시작되고 있듯이 우주 시대가 성큼 열렸습니다.

우주선을 탄 사람들이 창밖으로 바라볼 우주는 지구와 풍경이 사뭇 다릅니다. 무엇보다 산소가 없습니다. 생명 유지에 꼭 필요한 산소가 들어 있는 공기는 지구의 중력으로 지표면에 모여 있거든요. 공기는 생명체에 산소를 줄 뿐만 아니라 태양에서 오는 열을 보존하고 전달해 줍니다.

대기의 보호를 받지 못하는 우주 공간은 사람에게 끔찍한 곳입니다. 지구와 확연히 다른 극한 상황이지요. 무엇보다 공기가 없으니 당연히 숨을 쉴 수 없겠지요. 더구나 우리 몸은 대기 압력에 맞게 적응되어 있거든요. 지구 밖으로 나가면 몸 안의 압력이 몸 바깥보다 더 커져서 혈관이나 내장들이 모두 부풀며 터집니다. 기온을 비슷하게 유지하는 공기가 없으니, 일교차가 심합니다. 햇빛이 비치는 곳은 120℃ 정도로 뜨겁고, 비치지 않는 곳은 -120℃로 차가워요. 생명체에 해로운 자외선, 감마선, 엑스선을 흡수해 주는 대기도 없어 고스란히 노출됩니다. 우주복 없이는 단 1초도 살아남을 수 없어요.

하지만 우주복을 입고 일상을 살아가기는 어렵습니다. 바로 그래서 포스트 휴먼(탈인간, posthuman) 또는 트랜스 휴먼(초인간, transhuman)으로 불리는 미래 인간에 대한 논의들이 나오고 있습니다. 인류가 우주로 적극 진출하여 공간을 자유자재로 사용할 수 있으려면 포스트 휴먼이어야 한다는 주장이 대표적입니다.

포스트 휴먼은 인공지능과 과학 기술의 발전으로 나타날 미래의 인간을 이르는 말입니다. 이미 국어사전에 외래말로 올라 있는데요. '현 인류보다 더 확장된 능력을 갖춘 존재로서, 지식과 기술의 사용 등에서 현대 인류보다 월등히 앞설 것이라고 상상되는 진화 인류'로 풀이합니다. '생체학적인 진화가 아니라 기술을 이용한 진화로 반영구적인 불멸을 이룰 것'이라고 덧붙이지요. 인간 종(種)이 물질 진화의 마지막 단계가 아니라 오히려 진화의 시작이라는 주장까지 나오고 있는데요. 포스트 휴먼을 주인공으로 한 영화들도 우리의 상상력을 한껏 자극하고 있습니다.

우주 과학을 비롯한 과학 기술 혁명으로 인류의 역사가 과거와 다른 시대로 접어들고 있는 것은 분명합니다. 우주 탐험을 비롯해 인공지능과 로봇, 생명 공학과 인간 복제, 수명 연장과 불멸이 사뭇 진지하게 논의되고 있으니까요. 유전 공학(Genetics), 로봇 공학(Robotics), 정보 기술(Infor-mation Technology), 나노 기술(Nanotechnology)의 머리글자를 딴 'GRIN 기술'이 서로를 보강하면서 인간이 이전에 경험하지 못했던 변화를 이끌어 가리라 전망합니다.

세계사에서 '지리상의 대발견'은 중세와 근대를 가르는 전환점이 되었습니다. '우주의 대발견'은 근대와 다른 새로운 시대를 예고합니다. 인간과 자연, 이성과 감각, 남성과 여성으로 구분하는 근대 문명의 이분법을 벗어나려는 큰 흐름이 형성되고 있습니다. 물론 인류의 존속을 위협하는 인류세의 먹장구름이 미래에 짙게 드리워져 있는 것도 유의할 지점이지요.

우주 시대와 인류세 위기를 맞아 우주 중심의 사유를 펼쳐 나갈 때 미래의 인간은 지금과 얼마나 어떻게 다를까요? 이 물음을 던지며 '열린 결말'로 우주 시대 이야기를 마치겠습니다. 우리 미래 세대가 인류세 위기를 벗어나 우주 시대를 선구해 가기를 희망합니다. '우주선을 직접 만들어 그 우주선을 타고 은하계로 가서 탐험을 하고 싶다'는 꿈을 미래 세대가 함께 실현해 가리라 기대합니다.

이미지 출처와 페이지